盐穴储气库
建设与运行管理实践

FLAC 3D 在盐穴储气库工程中的应用

杨海军 巴金红 张华宾 康延鹏 著

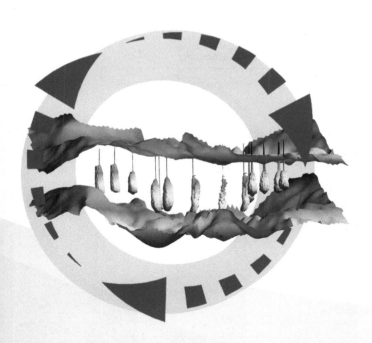

江苏大学出版社
JIANGSU UNIVERSITY PRESS

镇 江

图书在版编目（CIP）数据

盐穴储气库建设与运行管理实践：FLAC3D在盐穴储
气库工程中的应用 / 杨海军等著. -- 镇江：江苏大学
出版社，2024. 12. -- ISBN 978-7-5684-1950-5

Ⅰ. TE972

中国国家版本馆 CIP 数据核字第 2024HA7270 号

盐穴储气库建设与运行管理实践：FLAC 3D 在盐穴储气库工程中的应用
Yanxue Chuqiku Jianshe Yu Yunxing Guanli Shijian：
FLAC 3D Zai Yanxue Chuqiku Gongcheng Zhong De Yingyong

著　　者/杨海军　巴金红　张华宾　康延鹏
责任编辑/李菊萍
出版发行/江苏大学出版社
地　　址/江苏省镇江市京口区学府路 301 号（邮编：212013）
电　　话/0511-84446464（传真）
网　　址/http：//press.ujs.edu.cn
排　　版/镇江市江东印刷有限责任公司
印　　刷/苏州市古得堡数码印刷有限公司
开　　本/718 mm×1 000 mm　1/16
印　　张/10.5
字　　数/188 千字
版　　次/2024 年 12 月第 1 版
印　　次/2024 年 12 月第 1 次印刷
书　　号/ISBN 978-7-5684-1950-5
定　　价/54.00 元

如有印装质量问题请与本社营销部联系（电话:0511-84440882）

编委会

前　言

天然气是一种清洁、高效、低碳的能源，具有资源丰富、利用方式多样、环境效益显著等优势。随着我国经济社会发展和能源转型的需要，天然气在我国能源结构中的地位和作用日益凸显。国内天然气年消费量已由 2000 年的 245 亿 m^3 增长到 2020 年的 3646 亿 m^3，预计 2030 年将达到 6000 亿 m^3。随着天然气需求量的持续快速增长，冬季天然气供应缺口不断扩大，天然气生产与消费的季节性矛盾日益突出。作为天然气产供储销体系构建中的关键一环，地下储气库是我国天然气战略储备和季节调峰的重要手段，它们在平衡季节性用气峰谷差、应对长输管道突发事件、保障极寒天气条件下居民用气及国家能源安全等方面发挥着不可替代的作用。

天然气地下储气库是用于天然气注入、储存、采出的地表—地下一体化系统，主要有以下几种类型：① 枯竭油气藏储气库，它是目前世界上最主要的储气库类型；② 含水层储气库；③ 矿坑及岩洞地下储气库；④ 盐穴储气库，由于其灵活、高效的调配能力，越来越受到人们的青睐。

盐穴型储气库是利用水溶法采矿工艺，在地下层状盐岩或盐丘内建造的可将天然气存储在其内的巨型洞穴，具有注采灵活、单井吞吐量大、工作气量比例高等优点。2001 年，我国将西气东输管道工程金坛储气库作为国内首个盐穴储气库建库项目，发展至今，中国盐穴储气库的工程建设已有 20 余年的历史，经历了从无到有，从技术探索到技术成熟再到技术创新等多个阶段。在引进、吸收国外相关技术的基础上，我国通过自主攻关，克服了国内建库地质条件差、卤水消化慢等重重困难，形成了勘探、钻井、造腔、老腔改造、注气排卤、注采运行等一整套的盐穴储气库建库技术，并研发出具有自主知识产权的一系列新技术和新装备，国内盐穴储气库建库技术已基本成熟，部分单项技术达到国际同行先进水平。

盐穴作为存储天然气的容器，不仅需要有一定的腔体体积以保证储气库的基本功能，更需要具有较高的安全性与稳定性，为保障盐穴储气库的安全平稳运行,在其设计、建设、运行阶段中均需开展稳定性评价工作。盐穴储气库的稳定性评价工作在各国并没有形成统一的标准或规范,通常运用数值计算的方法开展评价,并以稳定性评价结果确定储气库的腔体形态、矿柱比、运行压力等关键参数,避免储气库建设运行中出现安全性和稳定性问题。常用的盐穴储气库稳定性评价数值计算软件有 FLAC 3D、ABAQUS 等。

本书首先对地下储气库与盐穴储气库进行概述,接着介绍了盐穴储气库发展现状及稳定性评价技术,盐穴储气库数值仿真软件 FLAC 3D 的基本原理与操作方法,然后结合 ZH 储气库先导工程和国内复杂对接井老腔改建盐穴储气库等项目进行了稳定性评价案例分析,最后归纳了盐穴储气库地面工艺、注采运行和管理实践的部分内容。

本书得到国家自然科学基金项目"基于应变空间的盐岩蠕变全过程变形规律及演化模型研究"(No. 51504124)、中国石油集团公司科技部项目"盐穴储气库双井造腔关键技术研究"(2019B-3205)、辽宁省教育厅高等学校基本科研面上项目(LJKZ0335)、辽宁省自然科学基金计划(面上计划)(2023-MS-315)的资助,在此表示衷心感谢。在本书编写过程中,辽宁工程技术大学力学与工程学院张顷顷及研究生王蓬、岳显如、李佺蕙、余豪毅、吴雨轩等在资料收集整理、插图绘制等方面做了大量工作,在此一并致谢。

由于作者的水平有限,书中难免存在疏漏与不妥之处,敬请各位读者批评指正。

著　者

2024 年 9 月

目 录

第1章　绪　论

在能源结构调整、"一带一路"倡议推进以及新型城镇化进程加快的背景下,天然气在我国能源结构中的地位日益凸显。从世界各国的能源消费结构来看,在发达国家的经济活动中,天然气的消费比例在20世纪80年代初为19%,2000年达到22%,2020年达到近28%。根据《中国天然气发展报告(2022)》,2021年,在我国的能源结构中,天然气的消费比例只占一次能源的8.9%。因此,加快天然气产业发展,提高天然气在一次能源消费中的比重,是我国加快建设清洁低碳、安全高效的现代能源体系的必由之路,也是实现"双碳"目标的有效途径。

自天然气进入人们的正常生活,安全平稳供气便成为天然气长输管道生产运行管理要优先考虑的头等大事,也是其商业经营中的关键因素。天然气长输管道的正常运行需要具备两个方面的保障:一是为用户安全供气,即要防止地震或其他地质灾害类自然因素,或操作不当、恐怖分子破坏等人为因素引起天然气供应中断事故;二是有效应对天然气供应的季节性调峰。天然气长输管道非正常运行,会对工商业发展和普通居民生活产生极大的影响,尤其是在寒冷的冬季(有天然气发电厂的地区,夏季也可能存在供应短缺),如果天然气的供应不能满足市场的需求,将会极大地影响到天然气消费市场和国民经济的正常发展。因此,在长输管道的工程建设和生产运行管理中,应制订完善的供应短缺和事故中断恢复预案。

地下储气库是天然气存储的主要载体,作为有效的调峰设施,它是天然气产业链中必不可少的关键元素。储气库可以保障天然气管网平稳运行,对天然气消费市场起到调峰和应急保供的作用。

国内外数十年的地下储气库工程建设和生产运行经验显示,地下储气库可以发挥如下作用:

① 应对突发事件,保障天然气长输管道的安全运行。

② 解决季节性的调峰供气问题。利用地下储气库,可以在市场用气量较少的季节,将多余的天然气注入储气库,在天然气用气量较大的季节,如在寒

冬的供热高峰期,在长输管道达到极限输送能力仍不能满足市场用气需求时,从储气库提取天然气供市场消费。现在,夏季也经常从储气库提取天然气来满足调峰天然气发电厂的用气需求。

③ 稳定管道的运行。地下储气库淡季储气、旺季采气,不仅可有效平衡天然气供应和市场的关系,也确保了管道运输在不同时段的相对均衡,从而实现管道稳定输气。

④ 用于战略储备。地下储气库也是一种天然气战略储备设施,能够在天然气出口国大幅度减供或中断供应时发挥不可替代的作用,确保国内天然气的正常供应。

1.1 地下储气库概述

地下储气库是将从天然气田(藏)中采出的天然气,重新注入地下具备封闭条件的储集空间中,从而形成的一种人工气田(藏)。作为一种储气、调峰的设施,储气库目前已被世界各国广泛采用,它可以很好地解决天然气管网应急供气及调峰供气问题。

目前,世界上典型的地下储气库类型有枯竭油气藏储气库、含水层储气库、盐穴储气库、矿坑及岩洞地下储气库。

（1）枯竭油气藏储气库

枯竭油气藏储气库是利用原有已经枯竭的油田或气田改建而成的,储气量大,可以利用油气田的原有设施,是最容易建造的一类储气库。从经济对比的观点来看,在已经枯竭的油气藏中建立地下储气库是有利的。首先,废弃油气藏具备良好的圈闭条件,储层的密封性可满足地下储气库的建库要求。其次,废弃油气藏具备丰富的钻井、地质、油藏等资料,可用于储气库储气量、工作气量、注采气过程中气井最大产能、运行压力等参数的计算。但是该类储气库地面处理要求高,垫气量大,部分垫气无法回收,因此常用于季节调峰与战略储备。

（2）含水层储气库

含水层储气库是向地下密闭的含水层构造注入天然气来驱替地下水而形成的一种人造气藏。该类储气库运行时,须利用水层边部的老井或新钻井来监测气水界面的变化,以确定气库的边界范围并分析气库的运行参数和运行状况等。利用地下含水层建造储气库工作量大、建库周期长,勘探选库难度大,需建设一定数量的注采井、观察井和完整的配套设施,投资和运营成本高。这类储气库的储气量和调峰能力比枯竭油气藏储气库小,因此常建造在周围没有适于建造储气库的枯竭油气藏的大型工业中心和大城市附近。含水层储气库储气量大,但勘探风险大,垫气不能完全回收,常用于季节调峰与战略储备。

(3)盐穴储气库

盐穴地下储气库是利用在地下盐层或盐丘中以水溶方式开采盐岩形成的地下洞穴建设的储气库。盐穴储气库具有操作灵活、储气无泄漏、调峰能力强、能快速完成注采气循环、垫层用气量少、工作气量比例高、可完全回收垫气的优点,最适合调峰用。但该类储气库也有建库周期长、投资费用较高、单个腔体的总库容量和工作气量小、建造过程中卤水排放处理困难等缺点。盐穴储气库常用于日调峰、周调峰和季节调峰。

(4)矿坑及岩洞地下储气库

矿坑及岩洞地下储气库是利用废弃的采矿洞穴改建的地下储气库或利用在地表或地下体中开凿的岩洞建设的地下储气库。矿坑储气库具有废物利用、建库费用小、可完全回收垫气的优点。岩洞地下储气库具有选址相对容易、可完全回收垫气的优点,一般建在沿海港口附近。这类储气库埋深较浅,若用于存储天然气则库容较小,大多用来储存液化石油气。

1.2 盐穴储气库概述

盐穴储气库是地下储气库的一种,采用溶盐采矿的方式在地下盐层形成巨大的空间来存储天然气。盐岩层的主要成分为各种各样的盐类,最常见的有钠盐和钾盐,这些盐类易溶或者可溶于水。因此,可以通过向盐岩层注入清水,对盐岩层进行溶蚀,再通过造腔管柱将卤水排到地表。连续不断地向盐岩层注入清水,就可以对盐岩层进行溶蚀,最后形成所需的地下空腔。盐穴型地下储气库可以实现快注快采,能够满足管道系统日调峰甚至小时调峰的需要,也能满足季节调峰的需要,这使其具有极其灵活的调配能力。同时,盐穴储气库需要的垫底气量相对较少,只有库容的三分之一,可在需要时,通过卤水置换的方式将垫底气重新开采出来。虽然盐穴储气库建设周期相对较长,投资费用较高,单个腔体的总库容量相对较小,单位工作气量建设成本相对较高,但是通过每年多个注采周期的生产运行可以降低整体建设和运行成本。盐穴储气库多建设在地下具有巨大盐岩矿床地质构造而缺乏多孔岩层的地区,且通常把溶盐造腔和工业采盐结合起来,经济效益显著,具有很好的市场发展前景。

1.2.1　盐穴储气库发展现状

盐穴储气库的建库技术最早是由德国人 Erdol 于 1916 年 8 月提出的,但最早应用于 20 世纪 50 年代的美国,美国于 1961 年建成第一座盐穴储气库,其后该项技术在北美及欧洲迅速推广。截至 2022 年 6 月,世界上共建成 93 座盐穴储气库,占全球储气库总数量的 13.4%;总工作气量 221.01 亿 m^3,占全球储气库总工作气量的 6.33%;调峰期日采气量 9.85 亿 m^3(见表 1.2.1)。东亚地区的 4 座盐穴储气库全在中国境内,目前还在建设中,已形成部分调峰能力。

表 1.2.1　世界各地盐穴储气库分布统计情况

地区	储气库数量/个	总工作气量/亿 m^3	调峰期日采气量/亿 m^3	单库平均工作气量/亿 m^3	调峰期单库平均日采气量/亿 m^3
美洲	52	84.04	4.74	1.62	0.116
欧洲	35	126.07	5.07	3.60	0.153
独联体中东	2	3.35	0.04	1.68	0.040
亚洲、亚太地区(大洋洲)	4	7.55	0	1.89	0

现如今,许多国家都在大力开发和使用盐穴地下储气库。据报道,在第二次世界大战期间,加拿大首次设想在盐穴中储存石油和天然气。1961 年,美国首次尝试在密歇根州的废弃盐穴中建造地下储气库,1968 年正式投入运营使用,运行压力为 7.2 MPa,储气量可以达到 $6.01×10^6 m^3$。1970 年,美国在密西西比州的 Eminence 盐丘中成功建造地下储气库用于日常天然气调峰,该储气库埋深 1737～2042 m。1990—2013 年,美国又增添 29 座盐穴地下储气库,埋深 600～1300 m,运行压力介于 7.2～24.8 MPa,储气量可以达到 $1.78×10^{10} m^3$。1963 年,加拿大第一座盐穴地下储气库正式投入运营,该储气库埋深 1200 m,储气量可以达到 $5.0×10^4 m^3$,至 1975 年加拿大的盐穴地下储气库增添到 5 座。1970 年,法国在 Tersanne 盐丘中建成的盐穴地下储气库正式投入运营,储气库埋深 1400～1500 m,运行压力介于 8～24 MPa,储气量可以达到 $2.30×10^5 m^3$。1980 年与 1993 年,法国又增添 2 座盐穴地下储气库,埋深 1000～1400 m,储气量可以达到 $6.61×10^8 m^3$。1971 年,德国在 Kiel 市的 Honi-gee 盐丘建成其首座盐穴地下储气库,储气量可以达到 $4.02×10^6 m^3$。至 2006 年,德国已有 19 座盐穴地下储气库,其埋深在 500～1500 m,运行压力介于

10.0~23.9 MPa,采气速率最高可达到 $2.15×10^6$ m³/d。1974 年,苏联建成其首座盐穴地下储气库,储气库埋深约 301 m,储气量可以达到 $1.05×10^5$ m³。1974 年及 1980 年,英国建成 2 座盐穴地下储气库,储气量分别达到 $7.5×10^9$ m³ 和 $3.17×10^8$ m³。

1.2.2 盐穴储气库建设环节

国内盐穴储气库造腔技术是在引进国外技术的基础上进行消化吸收再创新的,目前已应用到西气东输金坛盐穴储气库造腔中,并且通过自主攻关,掌握了多夹层建库、造腔数值模拟、造腔声呐检测、注气排卤与不压井作业、腔体气密封性检测、大直径长井段无井底固井以及注采气与生产运行等技术。

盐穴储气库的建造大致包括以下几个环节:预可行性研究、可行性研究、初步设计、钻井工程、造腔工程和注气排卤。

（1）预可行性研究

预可行性研究主要是在地震勘探和资料井钻探、取心、分析化验的基础上进行地质综合评价、建库区块及层段优选,针对建库区块盐穴地层不同地质特征,分别进行储气库盐腔的设计等研究。具体内容包括盐矿盐层地质评价、建库区块及层段选择、不同地质条件盐腔单腔方案设计、方案部署、钻完井工程研究、造腔工艺研究、注气排卤工程研究、地面配套工程研究、投资估算与经济评价等。最后初步确定矿区建库可行性及方案。

（2）可行性研究

可行性研究是在预可行性研究的基础上,进一步结合精细的三维地震资料处理与分析、岩芯溶蚀化验分析、岩芯力学试验以及地面条件踏勘等结果,进一步确定储气库的建库区块和层段,进而设计建库方案和地面工程配套设施。首先,运用现有的地震、钻探及测井等资料,开展盐穴矿床构造特征、沉积特征、盖层特征及盐穴稳定性等分析评价,初步评价盐穴矿床是否具备建设盐穴储气库的基本条件。其次,在确定盐体的埋深、分布、形态、边界、盖层特征及地层层序的基础上,分析盐层及夹层的物理性质、盖层及夹层的密封性与含盐地层的力学特性,进一步优选有利的建库区块及层段。然后,基于盐穴在力学上的长期稳定性和蠕变速度评价结果,确定单腔的基本形态参数及运行压力范围、合理的注采气速度,同时确定合理的安全矿柱宽度,完成建库部署设计方案。最后,设计储气库的地面工程配套设施及其他,包括注采气站、输气干线、集输系统、公用工程、生产组织及定员、投资估算与经济评价等。

（3）初步设计

初步设计具体内容包括盐矿盐层地质评价及建库区块选择、单腔设计及稳定性评价、造腔模拟及造腔阶段设计、单腔库容参数计算及运行热动力学模拟、注采气管柱设计、钻完井工程设计、造腔工程设计、注气排卤工程设计。

地质评价及建库区块选择包括构造特征描述、地层精细描述、盐层沉积特征及展布规律描述、盖层的密封性评价、夹层的密封性评价、建库区块优选。

单腔设计及稳定性评价包括形态设计、体积设计、运行压力设计、力学参数测定和计算稳定性分析等。

造腔模拟及造腔阶段设计包括造腔管柱选择、造腔阶段划分、阶段造腔排量及形态控制、两口距设计等。

单腔库容参数计算及运行热动力学模拟包括天然气参数计算、库容参数设计、运行模拟方案设计、水化物形成预测。

注采气管柱设计包括注采管柱设计、注气排卤管柱设计、注气排卤施工程序和设备设计等。

钻完井工程设计包括井身结构设计、套管程序设计、钻井液设计、钻机选择、固井液设计、水泥浆配方选择等。

造腔工程设计包括造腔管柱优选、水力计算、两口距的确定等。

（4）钻井工程

通过钻井建立地面和地下盐层的通道，才能了解地层和盐层的纵向分布，获取岩心、测井、盐穴内部夹层密封性测试等资料，为盐腔的设计和建造打下基础。钻井前，首先要基于矿区地质资料，结合盐矿地面实际情况，按照盐穴储气库的布井原则，确定库区造腔井的井位部署，然后根据实际情况进行分批钻井。盐穴储气库的造腔井在井身结构、套管程序、钻井液性能等方面有特殊的要求，钻井前应结合基础地质资料进行细致、科学的设计。

根据设计方案钻至设计井深后，首先要下入设计好的生产套管，然后进行固井。套管的功能和尺寸关系到钻井技术指标、实际造腔速率、盐穴产能大小、盐穴的质量和寿命等。造腔井的固井质量关乎盐腔的密封性，并最终影响储气库的储存能力和运行安全。然后，在生产套管内依次下入中间管和中心管，并安装造腔井口装置，井口装置是注入淡水、排出卤水以及阻溶剂注入和排出的重要通道。也就是说，固井方式、井口装置和管柱尺寸直接影响后续造腔工作的速度和水平。

（5）造腔工程

盐穴储气库的建造时间主要花在造腔上，因为整个造腔工程其实就是注水溶盐的过程。将取水泵站取出的淡水经地面管线通过注水泵沿着井下造腔管柱注入各个单井中，淡水与地层盐穴不断接触并溶蚀形成盐穴，同时盐穴被溶蚀后形成的卤水经造腔管柱返出输送至当地盐化企业制盐,如此持续溶蚀,盐穴不断扩大最终形成目标盐腔。受当地盐化企业制盐规模及卤水接收浓度限制,盐穴储气库的建造周期相对较长。如果盐穴储气库建造在海边,可以直接将返出的卤水排放入海,从而大大加快建设进度。造腔工程主要内容包括造腔管柱阶段下入深度设计、油水或气水界面位置设计及控制、造腔循环方式选择、腔体形态发展跟踪等。盐穴储气库造腔工程示意如图1.2.1 所示。

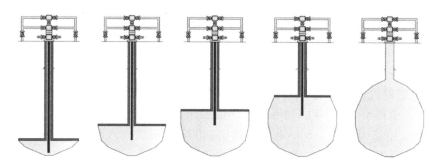

图 1.2.1　盐穴储气库造腔工程示意

（6）注气排卤

注气排卤是已经形成的盐腔投入注采气生产的最后的关键性环节。造腔结束后,更换造腔井口为气密封井口装置,下入注采气管柱及井下工具,试压及密封性检测合格后,开始注气排卤作业。注气排卤过程是从注采气管柱和排卤管柱的环形空间向盐穴内注入天然气,卤水通过排卤管柱被置换到地面。盐穴储气库注气排卤过程示意如图1.2.2 所示。

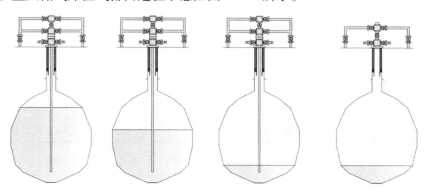

图 1.2.2　盐穴储气库注气排卤过程示意

1.3 国内盐穴储气库发展现状

国内对盐穴储气库的研究始于 1999 年,初期只是评价各个盐矿的建库地质条件,直到 2001 年才确定在江苏金坛建设国内首个盐穴储气库的目标。金坛盐矿盐层厚度大、品位高(NaCl 含量 80% 以上)、顶底板稳定且突破压力高、埋深适中,是建设储气库的理想盐层。根据西气东输管道市场供气需要和地下储气库工程建设总体规划,金坛储气库设计库容 26.39 亿 m^3,工作气量 17.14 亿 m^3,设计注采气井 75 口。工程分两期建设,目前一期 20 口井已经投产运行,二期投产 18 口井,剩余 35 口井正在按每年 2~4 口井的速度组织投产,项目计划 2035 年完工。

金坛储气库被誉为"中国盐穴储气第一库",位于江苏省常州市金坛区直溪镇,该项目于 2001 年启动可行性评估工作,2005 年金坛储气库正式开始建设,2006 年陆续完成了 6 口老腔的改造,2007 年正式投入运营。它不仅是中国,更是亚洲第一座盐穴地下储气库,同时也是世界上第一个成功对已有溶盐老腔开展改造的储气库。紧随其后,在金坛地区,中石化、港华燃气也分别开展了盐穴储气库的建设和运行工作。另外,我国还有多座盐穴储气库在规划或建设中,包括张兴储气库、平顶山储气库、楚州储气库、江汉储气库(即潜江储气库)、丰县储气库等,部分储气库情况见表 1.3.1。由此可见,我国已经充分认识到盐穴地下储气库的优势作用,开始高度重视盐穴地下储气库的开发利用并且正在不断扩大规模,我国盐穴地下储气库的建设发展已经迈向新的里程碑。

表 1.3.1 国内在建或拟建盐穴储气库情况

库址	阶段	顶深/m	造腔厚度/m	NaCl 含量/%	地质特点
云应储气库	规划中	500~720	150~240	55~70	千层饼状多夹层盐穴
淮安储气库	建设中	1300~1600	85~145	70~80	厚泥岩夹层
平顶山储气库	建设中	1350~2100	150~300	80~90	建库埋深差异大
楚州储气库	建设中	1400~2100	180~260	55~65	建库埋深差异大

1.4 盐穴储气库稳定性评价技术

盐穴储气库稳定性评价方法主要有解析法和数值模拟法。其中,解析法是通过对地质原型进行高度抽象后,借助数学、力学工具对近似球形体和圆柱形体简化的模型进行计算,从而对腔体进行稳定性评价,多针对深埋地下工程。而盐穴储气库地质条件复杂,腔体边界形态也不规则,因此解析法的应用存在局限性。数值模拟是伴随着数学、力学理论以及计算机技术的发展而逐渐得到应用的一项技术,在工程地质和岩土工程领域应用十分广泛,其主要采用弹塑性力学相关理论和数值计算方法,通过研究岩体的应力和位移及其关系,分析评价岩体在一定条件下的稳定性状况。

目前,在盐穴储气库长期运营稳定性分析方面,国外 Lux,Hunsche,Chan 及 Heusermann 等人对地下储气库长期运行进行了数值分析。Heusermann 等利用 ADINA 软件和 Lubby2 流变模型对盐穴储气库进行了非线性有限元稳定性分析。Sobolik 等利用数值模拟计算方法对盐穴储气库稳定性进行了分析研究,考虑了储气库结构与几何尺寸的变化对稳定运行的影响。Zhang 等根据相似原理,建立了三维流变物理模型,储气库采用椭圆形,对注采气速率、最大和最小极限气压、储气库间距等因素对储气库围岩变形的影响进行了研究,并采用数值模拟方案进行了验证。Kavan 使用弹黏塑性蠕变模型来模拟预测盐穴在各个阶段的应力应变关系,得到了盐穴储气库允许的运行条件。吴文研究了盐穴储气库的评价方法,提出了三个稳定性评价标准,并通过一个算例来具体说明如何开展评价。Yang 以三维地质力学模型为基础,结合现场实际参数,通过数值模拟方法论证了我国第一座盐穴储气库的可行性。Ma 以江汉地下储气库为原型,通过 FLAC 3D 对其进行模拟,并对腔体围岩的破坏情况进行分区,同时对腔体的最小内压进行了讨论。Wang 以金坛矿区的岩样力学实验数据为基础,同时结合声呐测腔结果,通过数值模拟的方式研究了靠近老腔的盐穴储气库的稳定性,认为新老腔之间的距离是重要的影响因素。John Adams 建立二维和三维数值模型,分别采用莫尔—库伦准则和霍克—布朗准则,通过有限元分析对比,得出了盐穴储气库运行最大内压压力梯度为 1.81 MPa/100 m,运行最小内压压力梯度为 0.45 MPa/100 m,最佳采气速率为 1.03 MPa/d。

国内,王贵君对盐穴储气库单腔及储气库群腔围岩的长期变形及其长期存储能力进行了数值分析。陈卫忠等利用 Abaqus 有限元软件对某废弃盐穴溶腔储气库的蠕变规律及腔周蠕变损伤区的范围进行数值计算,并探讨了废弃溶腔作为天然气地下储存库的工作压力和储气库套管鞋高度设计。杨强等基于不平衡力和最小余能原理,提出了地下储气库群稳定性判别方法,研究了储气库群间距、破坏模式和埋深对储气库稳定性的影响。王同涛等利用尖点位移突变模型和强度折减法研究了埋深、内压、矿柱宽度及蠕变时间等因素对多夹层储气库群稳定性的影响。张强勇等通过三维流变地质模型试验分析了交变气压对储气库安全稳定运行的影响。王莉、谭羽菲、杨春和与陈剑文认为，储气库运行过程中，盐腔围岩的变形场、应力场、温度场将随注采气过程发生变化，注采气过程对盐穴围岩的作用是温度—应力的耦合，也是一个长期动态变化过程。陈峰等通过三维数值模拟探讨了天然气地下储存库最低内压工况下，腔周损伤区的扩展、变形特征以及不同采气速率下金坛 4 口采卤溶腔围岩应力状态和体积收敛规律。尹雪英等采用 FLAC 3D 内置本构模型分析了金坛盐穴储气库的长期稳定性，得出储气库在运行期间，其腔内压力的变化对储气库体积的收缩有直接作用。丁国生采用 Lemaitre 蠕变模型研究了不同工况下盐穴储气库的蠕变规律。马建林根据一维绝热管流理论，分析了初始内压失控工况下盐穴储气库应力状态、变形收敛特征和损伤破坏规律。李建君等结合带压声呐测腔实测的盐穴腔体形状和体积数据分析热应力对腔体稳定性的影响。李文靖等基于变质量热力学理论，推导出了注采气过程中在变注采速率的条件下腔内气体温度、压力随时间变化的微分方程，开展了腔体稳定性的影响研究。李兴书、杨海军、王栗等从不同角度对盐穴储气库长期稳定性进行了评价研究。

第 2 章　FLAC 3D 软件基本原理与操作方法

FLAC 3D（Fast Lagrangian Analysis of Continua in Three Dimensions）是美国 ITASCA（Itasca Consulting Group. Inc）公司为地质工程应用而开发的三维显式有限差分计算机软件。其所采用的显式拉格朗日快速算法，特别适合模拟大变形和扭曲，能使计算结果更趋于准确。该软件建立在 FLAC 二维计算程序的基础之上，并对其功能和分析能力进行了扩展，主要适用于模拟计算岩土体的力学变形情况和岩土体达到屈服极限以后所产生的塑性流动情况，为解决三维地质工程问题提供了强有力的工具。最近几年，FLAC 3D 数值模拟软件在岩土工程中应用非常广泛。FLAC 3D 能够进行土质、岩石和其他材料的三维结构受力力学特性模拟和塑性流动分析，通过调整三维网格中的多面体单元来拟合实际的结构。单元材料可采用线性或非线性本构模型，在外力作用下，当材料发生屈服流动后，网格能够相应发生变形和移动。FLAC 3D 采用了快速拉格朗日算法和混合-离散分区技术，能够准确地模拟材料的塑性破坏和流动变化形态。由于软件不需要形成刚度矩阵，因此，只要有较小内存空间就能够求解很大范围内的三维问题。FLAC 3D 是采用 ANSI C++语言和 FISH 语言编写的，应用的范围比较广泛，可以用它对地下洞室、施工设计、隧道工程等进行模拟计算。

2.1　有限差分法基本原理

2.1.1　有限差分法的理论基础

有限差分法求解偏微分方程组时先要把连续问题离散化，即把连续的求解区域网格划分。如图 2.1.1 所示，在弹性体上用相隔等间距 h 且平行于坐标轴的两组平行线划分网格。设 $f=f(x,y)$ 为弹性体内某一个连续函数，它可能是某一个应力分量或位移分量，也可能是应力函数、温度、渗流，等等。

这个函数，在平行于 x 轴的一根格线上，如在 3-0-1 上（见图 2.1.1），只随坐标 x 的变化而改变。在邻近结点 0 处，函数 f 可以展开为泰勒级数：

$$f=f_0+\left(\frac{\partial f}{\partial x}\right)_0(x-x_0)+\frac{1}{2!}\left(\frac{\partial^2 f}{\partial x^2}\right)_0(x-x_0)^2+\frac{1}{3!}\left(\frac{\partial^3 f}{\partial x^3}\right)_0(x-x_0)^3+\cdots \quad (2.1.1)$$

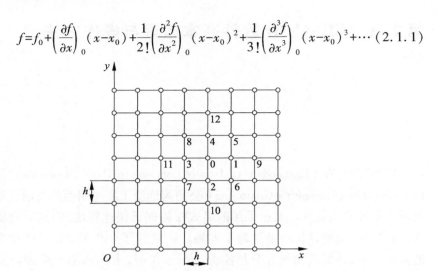

图 2.1.1 有限差分网格

在结点 3 及结点 1，x 分别等于 x_0-h 及 x_0+h，即 $x-x_0$ 分别等于 $-h$ 和 h。将其代入式（2.1.1），得

$$f_3=f_0-h\left(\frac{\partial f}{\partial x}\right)_0+\frac{h^2}{2}\left(\frac{\partial^2 f}{\partial x^2}\right)_0-\frac{h^3}{6}\left(\frac{\partial^3 f}{\partial x^3}\right)_0+\cdots \qquad (2.1.2)$$

$$f_1=f_0+h\left(\frac{\partial f}{\partial x}\right)_0+\frac{h^2}{2}\left(\frac{\partial^2 f}{\partial x^2}\right)_0+\frac{h^3}{6}\left(\frac{\partial^3 f}{\partial x^3}\right)_0+\cdots \qquad (2.1.3)$$

假定 h 是充分小的，因而可以不计它的三次幂及更高次幂的各项，则式（2.1.2）及式（2.1.3）可简化为

$$f_3=f_0-h\left(\frac{\partial f}{\partial x}\right)_0+\frac{h^2}{2}\left(\frac{\partial^2 f}{\partial x^2}\right)_0 \qquad (2.1.4)$$

$$f_1=f_0+h\left(\frac{\partial f}{\partial x}\right)_0+\frac{h^2}{2}\left(\frac{\partial^2 f}{\partial x^2}\right)_0 \qquad (2.1.5)$$

联立求解式（2.1.4）及式（2.1.5），得到一阶、二阶导数的差分公式

$$\left(\frac{\partial f}{\partial x}\right)_0=\frac{f_1-f_3}{2h} \qquad (2.1.6)$$

$$\left(\frac{\partial^2 f}{\partial x^2}\right)_0=\frac{f_1+f_3-2f_0}{h^2} \qquad (2.1.7)$$

同样，可以得到

$$\left(\frac{\partial f}{\partial y}\right)_0=\frac{f_2-f_4}{2h} \qquad (2.1.8)$$

$$\left(\frac{\partial^2 f}{\partial y^2}\right)_0 = \frac{f_2 + f_4 - 2f_0}{h^2} \tag{2.1.9}$$

式(2.1.6)至(2.1.9)是基本差分公式,通过这些公式可以推导出其他的差分公式。例如,利用式(2.1.6)和(2.1.8),可以导出混合二阶导数的差分公式

$$\left(\frac{\partial^2 f}{\partial x \partial y}\right)_0 = \left[\frac{\partial}{\partial x}\left(\frac{\partial f}{\partial y}\right)\right]_0 = \frac{1}{4h^2}[(f_6 + f_8) - (f_5 + f_7)]_0 \tag{2.1.10}$$

用同样的方法,由式(2.1.7)及(2.1.9)可以导出四阶导数的差分公式。下面给出一个算例来说明有限差分方法,通过有限差分法算例我们能更好地了解有限差分法是如何解决问题的。

例如,要求解微分方程

$$-\frac{\mathrm{d}^2 u}{\mathrm{d}x^2} = 1, x \in [0,1], u(0) = u(1) = 0 \tag{2.1.11}$$

方程式(2.1.11)的解析解是 $u(x) = \frac{1}{2}x^2 + C + Dx$,将两个边界条件代入解析解可以确定常数 $C = 0, D = \frac{1}{2}$。

用有限差分法求解时,一般是先将方程离散化再求解,即用差分方程来近似微分方程。微积分中,一阶导数的定义如式(2.1.12)所示:

$$u'(x) = \lim_{\Delta x \to 0} \frac{u(x + \Delta x) - u(x)}{\Delta x} \tag{2.1.12}$$

若 Δx 充分小,则其一阶导数可以用一阶差分方程式(2.1.13)至(2.1.15)来定义。

向前差分:

$$\Delta_F u = \frac{u(x+h) - u(x)}{h} \approx u'(x) + O(h) \tag{2.1.13}$$

向后差分:

$$\Delta_B u = \frac{u(x) - u(x-h)}{h} \approx u'(x) + O(h) \tag{2.1.14}$$

中心差分:

$$\Delta_C u = \frac{u(x+h) - u(x-h)}{2h} \approx u'(x) + O(h^2) \tag{2.1.15}$$

对 3 种一阶差分方程式进行分析,用近似的精度的阶数来描述式(2.1.13)至(2.1.15)中的 $O(h)$ 或者 $O(h^2)$ 项,并比较哪个更好些。$O(h)$ 表示误差在

h 的数量级，即近似有一阶精度；中心差分具有二阶精度。

对 $u(x+h)$ 和 $u(x-h)$ 做泰勒展开，如式(2.1.16)与(2.1.17)所示：

$$u(x+h) = u(x) + hu'(x) + \frac{h^2}{2}u''(x) + \frac{h^3}{6}u'''(x) + \cdots \quad (2.1.16)$$

$$u(x-h) = u(x) - hu'(x) + \frac{h^2}{2}u''(x) - \frac{h^3}{6}u'''(x) + \cdots \quad (2.1.17)$$

式(2.1.16)减式(2.1.17)有

$$u(x+h) - u(x-h) = 2hu'(x) + \frac{h}{3}u'''(x) + \cdots \quad (2.1.18)$$

式(2.1.18)两边同时除以 $2h$ 有

$$\frac{u(x+h) - u(x-h)}{2h} = u'(x) + \frac{h^2}{6}u'''(x) + \cdots \quad (2.1.19)$$

由式(2.1.19)可知，中心差分近似一阶导数，具有二阶精度。

要求解的方程式(2.1.11)中有二阶导数，对于二阶导数，用二阶差分来近似，即一阶差分的一阶差分。对方程式(2.1.11)，二阶差分有如下可能：① 在后向差分的基础上做前向差分；② 在前向差分的基础上做后向差分；③ 在中心差分的基础上再做中心差分。二阶差分的 3 种可能如图 2.1.2 所示。前两种二阶差分的结果是一样的，也是本书要采用的方案，做这样一个二阶差分，需要用到的是待求结点及其左右相邻的点，一共涉及 3 个点的值。如果采用中心差分的中心差分，则需要 5 个点的值，太过分散，所以本书不采用在中心差分上再做中心差分的方案。

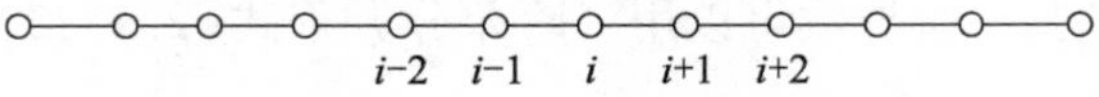

$$\Delta_F \Delta_B u_i = \frac{\Delta_B u_{i+1} - \Delta_B u_i}{h} = \frac{\dfrac{u_{i+1} - u_i}{h} - \dfrac{u_i - u_{i-1}}{h}}{h} = \frac{u_{i-1} - 2u_i + u_{i+1}}{h^2}$$

$$\Delta_B \Delta_F u_i = \frac{\Delta_F u_i - \Delta_F u_{i-1}}{h} = \frac{\dfrac{u_{i+1} - u_i}{h} - \dfrac{u_i - u_{i-1}}{h}}{h} = \frac{u_{i-1} - 2u_i + u_{i+1}}{h^2}$$

$$\Delta_C \Delta_C u_i = \frac{\Delta_C u_{i+1} - \Delta_C u_{i-1}}{2h} = \frac{\dfrac{u_{i+2} - u_i}{2h} - \dfrac{u_i - u_{i-2}}{2h}}{2h} = \frac{u_{i-2} - 2u_i + u_{i+2}}{4h^2}$$

图 2.1.2　二阶差分的 3 种可能选择

把区间 $[0,1]$ 等分为 6 段，每段长 $h = \dfrac{1}{6}$，如图 2.1.3 所示。编号为 0 和 6 的点的 u 值已由边界条件给出，所以现在有 u_1, u_2, u_3, u_4 和 u_5 这 5 个点，

便可写出近似式(2.1.11)的差分方程,例如在 1 点,差分方程如式(2.1.20)所示:

$$\frac{-u_0 + 2u_1 - u_2}{h^2} = 1 \qquad (2.1.20)$$

也可用矩阵表达这 5 个方程,得到式(2.1.21):

$$\frac{1}{h^2}\begin{bmatrix} 2 & -1 & 0 & 0 & 0 \\ -1 & 2 & -1 & 0 & 0 \\ 0 & -1 & 2 & -1 & 0 \\ 0 & 0 & -1 & 2 & -1 \\ 0 & 0 & 0 & -1 & 2 \end{bmatrix}\begin{bmatrix} u_1 \\ u_2 \\ u_3 \\ u_4 \\ u_5 \end{bmatrix} = \begin{bmatrix} 1 \\ 1 \\ 1 \\ 1 \\ 1 \end{bmatrix} \qquad (2.1.21)$$

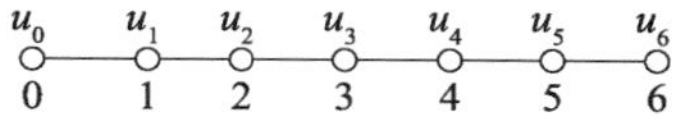

$$
\begin{array}{ccccccc}
u_0 & u_1 & u_2 & u_3 & u_4 & u_5 & u_6 \\
0 & 1 & 2 & 3 & 4 & 5 & 6
\end{array}
$$

图 2.1.3　区间[0,1]的有限差分法离散划分

求解式(2.1.21)可以得到有限差分法的解。图 2.1.4 画出了式(2.1.11)的解析解和有限差分法解。

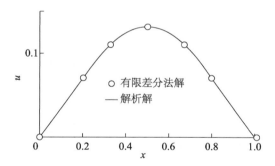

图 2.1.4　式(2.1.11)的解析解和有限差分法解

若把式(2.1.11)的边界条件改为

$$u'(0) = 0, u(1) = 0 \qquad (2.1.22)$$

此时,方程的解析解为 $u(x) = -\frac{1}{2}x^2 + \frac{1}{2}$,有限差分法的求解过程稍有变化。实现 $u'(0) = 0$ 的边界条件的方法也不是唯一的,有如下两种方法。

方法一:采用向前差分法来实现 $u'(0) = \dfrac{u_1 - u_0}{h} = 0$ 即 $u_1 - u_0 = 0 (u_1 = u_0)$。此方法近似一阶微分,具有一阶精度。虽然 u_0 未知,但已知 $u_1 = u_0$,所以未知

数的数目没有变化,线性方程组变为

$$\frac{1}{h^2}\begin{bmatrix} 1 & -1 & 0 & 0 & 0 \\ -1 & 2 & -1 & 0 & 0 \\ 0 & -1 & 2 & -1 & 0 \\ 0 & 0 & -1 & 2 & -1 \\ 0 & 0 & 0 & -1 & 2 \end{bmatrix}\begin{bmatrix} u_1 \\ u_2 \\ u_3 \\ u_4 \\ u_5 \end{bmatrix}=\begin{bmatrix} 1 \\ 1 \\ 1 \\ 1 \\ 1 \end{bmatrix} \tag{2.1.23}$$

方法二:用中心差分法来实现 $u'(0)=0$ 即 $u_1-u_{-1}=0$,这样需要引入编号为 -1 的虚拟点,它位于 0 点的左方 $-h$ 处,所以有 $u_1=u_{-1}$,此方法具有二阶精度。这时,未知数中需要加入 u_0,线性方程组变为

$$\frac{1}{h^2}\begin{bmatrix} 2 & -2 & 0 & 0 & 0 & 0 \\ -1 & 2 & -1 & 0 & 0 & 0 \\ 0 & -1 & 2 & -1 & 0 & 0 \\ 0 & 0 & -1 & 2 & -1 & 0 \\ 0 & 0 & 0 & -1 & 2 & -1 \\ 0 & 0 & 0 & 0 & -1 & 2 \end{bmatrix}\begin{bmatrix} u_0 \\ u_1 \\ u_2 \\ u_3 \\ u_4 \\ u_5 \end{bmatrix}=\begin{bmatrix} 1 \\ 1 \\ 1 \\ 1 \\ 1 \\ 1 \end{bmatrix} \tag{2.1.24}$$

将上面的线性方程组的第一行两边同时除以 2,方程式(2.1.24)变为

$$\frac{1}{h^2}\begin{bmatrix} 1 & -1 & 0 & 0 & 0 & 0 \\ -1 & 2 & -1 & 0 & 0 & 0 \\ 0 & -1 & 2 & -1 & 0 & 0 \\ 0 & 0 & -1 & 2 & -1 & 0 \\ 0 & 0 & 0 & -1 & 2 & -1 \\ 0 & 0 & 0 & 0 & -1 & 2 \end{bmatrix}\begin{bmatrix} u_0 \\ u_1 \\ u_2 \\ u_3 \\ u_4 \\ u_5 \end{bmatrix}=\begin{bmatrix} \frac{1}{2} \\ 1 \\ 1 \\ 1 \\ 1 \\ 1 \end{bmatrix} \tag{2.1.25}$$

图 2.1.5 画出了此种边界条件下方程的解析解以及如上两种有限差分法的解,从图中可以清楚地看到两种有限差分法的精度。

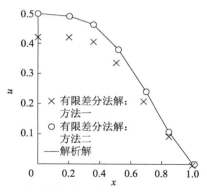

图 2.1.5　自由−固定边界条件下式(2.1.11)的解析解和有限差分法解

应该指出,有限差分法不仅仅局限于矩形网格,1964 年 Wilkins 提出了推导任何形状单元的有限差分方程的方法。与有限元法类似,有限差分方法单元边界可以是任何形状,任何单元都可以具有不同的性质和不同大小的值。

2.1.2　显式有限差分算法——时间递步法

有限差分公式中包含运动的动力方程,以保证在被模拟的物理系统本身处于非稳定的情况下,有限差分数值计算仍有稳定解。对于非线性材料,物理不稳定的可能性总是存在的,如顶板岩层的断裂、煤柱的突然垮塌等。

在现实中,系统的某些应变能会转变为动能,并从力源向周围扩散。有限差分法可以直接模拟这个过程,因为惯性项包括在其中——动能产生与耗散。相反,不含有惯性项的算法必须采取某些数值手段来处理物理不稳定。尽管这种做法可有效防止数值解的不稳定,但所取的"路径"可能并不真实。

图 2.1.6 是显式有限差分法计算流程图。计算过程首先调用运动方程,由初始应力和边界力计算出新的速度和位移。然后,由速度计算出应变率,进而获得新的应力或力。每个循环代表一个时步。图 2.1.6 中的每个图框通过那些固定的已知值对所有单元和结点变量进行计算更新。

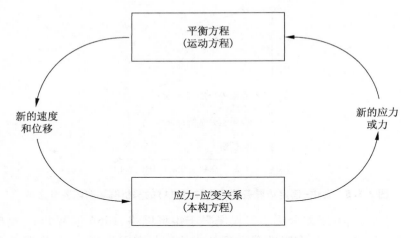

图 2.1.6 显式有限差分法计算流程图

例如,要根据已计算出的一组速度,计算出每个单元新的应力。那么,该组速度会被假设为"冻结"在框图中,即新计算出的应力不影响这些速度。这样做似乎不尽合理,因为如果应力发生某些变化,将对相邻单元产生影响并使它们的速度发生改变。但是,如果我们选取的时步非常小,乃至在此时步间隔内实际信息不能从一个单元传递到另一个单元(事实上,所有材料都有传播信息的某种最大速度),因为每个循环只占一个时步,所以对"冻结"速度的假设得到验证,即相邻单元在计算过程中的确互不影响。当然,经过几个循环后,扰动可能传播到若干单元,正如现实中产生的传播一样。

显式算法的核心概念是计算"波速"总是超前于实际波速。所以,在计算过程中方程总是处在已知值固定的状态。这样,尽管本构关系具有高度非线性,显式有限差分算法根据单元应变计算应力的过程中无需迭代,这相比通常用于有限元程序的隐式算法有明显的优越性,因为隐式有限元在一个解算步中,单元的变量信息彼此沟通,在获得相对平衡状态前,需要经过若干迭代循环。显式算法的缺点是时步很小,这就意味着要有大量的时步。因此,遇到病态系统、高度非线性、大变形及不稳定等问题的微分方程的求解,运用显式算法是最好的,但它在模拟线性、小变形问题时效率不高。

由于显式有限差分法无需形成总体刚度矩阵,因此可在每个时步通过更新结点坐标的方式,将位移增量加到结点坐标上,以材料网格的移动和变形模拟大变形。这种处理方式称为"拉格朗日算法",即在每步计算过程中,本构方程仍是小变形理论模式,但在经过许多步计算后,网格移动和变形结果等价于大变形模式。

用运动方程求解静力问题,还必须采取机械衰减方法来获得非惯性静态或准静态解,通常采用动力松弛法,在概念上等价于在每个结点上联结一个固定的"黏性活塞",施加的衰减力大小与结点速度成正比。

前已述及,显式算法的稳定是有条件的,即"计算波速"必须大于变量信息传播的最大速度。因此,时步的选取必须小于某个临界时步。若用单元尺寸为 Δx 的网格划分弹性体,则满足稳定解算条件的时步 Δt 为

$$\Delta t < \frac{\Delta x}{C} \tag{2.1.26}$$

式中,C 是波传播的最大速度,典型的 P 波的

$$C_P = \sqrt{\frac{K + 4G/3}{\rho}} \tag{2.1.27}$$

对于单个质量-弹簧单元,稳定解的条件是

$$\Delta t < 2\sqrt{\frac{m}{k}} \tag{2.1.28}$$

式中,m 是质量;k 是弹簧刚度。一般系统中包含各种材料和质量-弹簧单元联结成的任意网络,临界时步与系统的最小自然周期 $T_{\min}$ 有关:

$$\Delta t < \frac{T_{\min}}{\pi} \tag{2.1.29}$$

2.2　本构理论

FLAC/FLAC 3D 中共提供了 15 种力学本构模型,它们可以分为三大类:空模型组、弹性模型组及塑性模型组。

● 空模型组。空模型通常用来表征材料被移除或开挖掉。空网格内的应力被设置为零,即是 $\sigma_{ij}^N = 0$。在这些区域中没有体积力(如重力)的作用。在数值模拟的后续研究阶段中,空模型可以转化成各种不一样的材料模型,使用这样的方法能够预先模拟开挖回填等实际应用。

● 弹性模型组。弹性模型的主要特点是卸载条件下变形可以恢复,应力-应变规律是线性的且与路径无关。弹性模型包括各向同性弹性模型和各向异性弹性模型。FLAC/FLAC 3D 提供 3 种弹性模型:各向同性弹性模型、正交各向异性弹性模型和横向同性弹性模型。

各向同性弹性模型:该模型以最简单的方式来表征材料的特性,主要适用于均质、各向同性的连续材料,表现为线弹性应力-应变行为在卸载时并没

有出现滞后特性。

正交各向异性弹性模型:该模型适用于材料中存在三组互相正交的弹性对称平面的情况。例如,用于模拟柱状玄武岩在低于强度极限加载条件下的力学响应。

横向同性弹性模型:该模型可用于模拟层状弹性介质材料的力学行为,层状材料特性表现为垂直于和平行于层面方向上,弹性模量存在较大差异。横向同性坐标轴如图2.2.1所示。

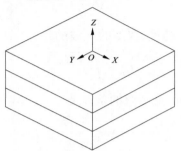

图2.2.1　横向同性坐标轴

（*XZ*方向为各向同性面）

● 塑性模型组。塑性模型组共包含11种本构模型,卸载条件下变形无法完全恢复。其中,MOHR-COULOMB模型是一个传统模型,简单实用,且模型参数容易通过常规试验获得,适合于模拟抗拉与抗压强度不等的岩石、砂土等粒状体材料特性,广泛应用于岩土工程数值分析中。目前,盐穴储气库围岩的拉、剪破坏模拟也常采用该模型。该模型的破坏包络线包括两部分:一段剪切破坏包络线(剪切屈服函数)和一段拉伸破坏包络线(拉应力屈服函数),相对应的流动法则分别为剪切流动不相关联法则和拉应力流动相关联法则。该模型可以很好地描述土体及岩体在剪切作用失稳时的力学响应。Vermeer及De Borst对砂土及混凝土进行室内试验,试验结果同MOHR-COULOMB模型非常吻合。

另外,流变模型理论是研究盐穴储气库长期运营流变特性的主要理论之一。而流变特性分析常常需要利用蠕变模型,蠕变模型将岩土体的长期变形看成弹性、黏滞性和塑性联合作用的结果,将理想的元件组合成各种不同的模型,由各组合元件的基本性质及其组合关系,推导出模型的本构方程,然后,通过试验资料来确定模型中的各个参数。

为解决不同行业及典型岩土体介质的变形时效问题,针对不同的岩土体介质已经发展出了许多的蠕变模型。FLAC 3D蠕变模块中内置了8款常用蠕

变模型,分别如下:

① MAXWELL 模型:经典黏弹性模型,调用命令为 Model Mechanical Viscous;

② BURGERS 模型:经典黏弹性模型,调用命令为 Model Mechanical Burgers;

③ CVISC 模型:BURGERS 模型的变体,引入 MOHR-COULOMB 模型串联构成,综合描述介质的黏弹塑性,调用命令为 Model Mechanical Cvisc;

④ POWER 模型:黏弹性模型,在采矿工程中得到较为普遍的应用,调用命令为 Model Mechanical Power;

⑤ CPOWER 模型:POWER 模型的变体,黏弹塑性模型,具体引入 MOHR-COULOMB 模型来描述介质的塑性,调用命令为 Model Mechanical Cpower;

⑥ WIPP 模型:经典黏弹性模型,适用于处理在热力耦合作用条件下的岩体时效变形问题,调用命令为 Model Mechanical Wipp;

⑦ PWIPP 模型:WIPP 模型的变体,通过引入 DRUCKER-PRAGER 模型来反映介质的塑性特性,使得 WIPP 模型演变为黏弹塑性模型,调用命令为 Model Mechanical Pwipp;

⑧ CWIPP 模型:同样是 WIPP 模型的变体,除偏应力外,同时考虑了球应力对时效变形的潜在作用,调用命令为 Model Mechanical Cwipp。

下面对盐穴储气库数值仿真需用到的本构模型(空模型、各向同性弹性模型、MOHR-COULOMB 模型、二元 POWER-LAW 黏弹性模型、CPOWER 黏弹塑性模型)的有限差分格式及算法实现做简单介绍。更多本构模型的情况可以参考 FLAC 3D 帮助文件。

2.2.1　空模型

围岩材料一旦被空材料赋值,则表示从模型中移除或挖除材料,该区内材料的应力自动设置为零。空模型的应为张量形式为

$$\sigma_{ij}^{N} = 0 \qquad (2.2.1)$$

式中,上标 N 表示新状态。

在模拟的后期,可以将无效材料更改为不同的材料空模型。通过这种方式,可以模拟淡水溶掉的地层。

2.2.2　各向同性弹性模型

在各向同性弹性模型中,应力-应变关系依胡克定律,用应变增量的形式表达。

（1）广义应力分量和应变分量

MOHR-COULOMB 准则涉及 3 个主应力 $\boldsymbol{\sigma}_1$，$\boldsymbol{\sigma}_2$ 和 $\boldsymbol{\sigma}_3$，它们是模型的 3 个广义应力矢量。另外，3 个广义应变矢量为 $\boldsymbol{\varepsilon}_1$，$\boldsymbol{\varepsilon}_2$ 和 $\boldsymbol{\varepsilon}_3$。

（2）弹性增量定律

基于广义应力和应变增量的胡克定律增量表达式如下：

$$\left.\begin{cases}\Delta\sigma_1=\alpha_1\Delta\varepsilon_1^e+\alpha_2(\Delta\varepsilon_2^e+\Delta\varepsilon_3^e)\\\Delta\sigma_2=\alpha_1\Delta\varepsilon_2^e+\alpha_2(\Delta\varepsilon_1^e+\Delta\varepsilon_3^e)\\\Delta\sigma_3=\alpha_1\Delta\varepsilon_3^e+\alpha_2(\Delta\varepsilon_1^e+\Delta\varepsilon_2^e)\end{cases}\right\}\tag{2.2.2}$$

式中，上标 e 指代弹性部分；α_1，α_2 为两个材料参数，它们可以用剪切模量 G 和体积模量 K 表示，即

$$\alpha_1=K+\frac{4}{3}G,\alpha_2=K-\frac{2}{3}G\tag{2.2.3}$$

因而，新应力值就可以通过式（2.2.2）得到，新应力值与原应力值的关系的张量形式为

$$\sigma_{ij}^N=\sigma_{ij}+\Delta\sigma_{ij}\tag{2.2.4}$$

其平面应变的表达式为

$$\left.\begin{aligned}\Delta\sigma_{11}&=\alpha_1\Delta e_{11}+\alpha_2\Delta e_{22}\\\Delta\sigma_{22}&=\alpha_2\Delta e_{11}+\alpha_1\Delta e_{22}\\\Delta\sigma_{12}&=2G\Delta e_{12}(\Delta e_{21}=\Delta e_{12})\\\Delta\sigma_{33}&=\alpha_2(\Delta e_{11}+\Delta e_{22})\end{aligned}\right\}\tag{2.2.5}$$

式中，Δe_{ij} 为应变张量增量，$\Delta e_{ij}=\frac{1}{2}\left[\frac{\partial \dot{u}_i}{\partial x_j}+\frac{\partial \dot{u}_j}{\partial x_i}\right]\Delta t$（$u$ 为位移速率；Δt 为时步）。

在平面应力下，这些等式简化为

$$\left.\begin{aligned}\Delta\sigma_{11}&=\beta_1\Delta e_{11}+\beta_2\Delta e_{22}\\\Delta\sigma_{22}&=\beta_2\Delta e_{11}+\beta_1\Delta e_{22}\\\Delta\sigma_{12}&=2G\Delta e_{12}(\Delta\sigma_{21}=\Delta\sigma_{12})\\\Delta\sigma_{33}&=0\end{aligned}\right\}\tag{2.2.6}$$

式中，$\beta_1=\alpha_1-\dfrac{\alpha_2^2}{\alpha_1}$；$\beta_2=\alpha_2-\dfrac{\alpha_2^2}{\alpha_1}$。

对于轴对称几何体，有

$$\left.\begin{aligned}
\Delta\sigma_{11} &= \alpha_1\Delta e_{11}+\alpha_2(\Delta e_{22}+\Delta e_{33}) \\
\Delta\sigma_{22} &= \alpha_1\Delta e_{22}+\alpha_2(\Delta e_{11}+\Delta e_{33}) \\
\Delta\sigma_{12} &= 2G\Delta e_{12}(\Delta\sigma_{21}=\Delta\sigma_{12}) \\
\Delta\sigma_{33} &= \alpha_1\Delta e_{33}+\alpha_2(\Delta e_{11}+\Delta e_{22})
\end{aligned}\right\} \tag{2.2.7}$$

2.2.3　MOHR-COULOMB 模型

MOHR-COULOMB 模型是最简单的理想弹塑性本构模型,较适用于岩石的力学行为(如边坡稳定和地下开挖)模拟。FLAC 3D 在运行 MOHR-COU-LOMB 模型时,首先通过总应变增量由胡克定律计算出应力增量,再将应力增量加到应力分量上计算出弹性假设应力。主应力及其方向根据一点应力状态和主应力关系即可得到。如果主应力满足组合屈服准则,则必发生剪切破坏或者拉伸破坏。对于剪切破坏,根据剪切流动法则得到新的应力增量并得到新的应力;对于拉伸破坏,根据拉伸流动法则得到新的应力增量并得到新的应力。如果应力点位于组合屈服包络线下方,则当前时步没有塑性流动发生,新的主应力由弹性关系给出。FLAC 3D 中的 MOHR-COULOMB 模型遵从 MOHR-COULOMB 准则(压剪破坏)和拉伸破坏准则。强度包络线上的应力点在剪破坏时服从非关联流动法则,拉破坏时服从关联流动法则。

(1)屈服函数

屈服函数在主应力空间和平面的破坏准则可以表示为如图 2.2.2 所示的形式。

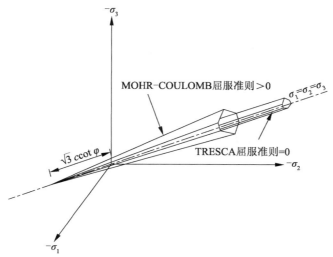

(a) 主应力空间中的MOHR-COULOMB屈服面与TRESCA屈服面比较

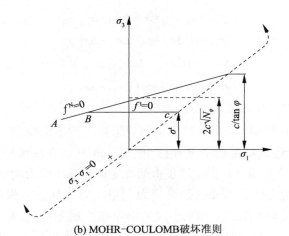

(b) MOHR–COULOMB破坏准则

图 2.2.2 岩土材料的 MOHR–COULOMB 模型及破坏准则

由 MOHR–COULOMB 屈服函数定义的从点 A 到点 B 的破坏包络线为

$$f^{s} = \sigma_1 - \sigma_3 N_{\varphi} + 2c\sqrt{N_{\varphi}} \qquad (2.2.8)$$

式中,φ 为摩擦角;c 为黏聚力。

从点 B 到点 C 拉应力屈服函数定义为

$$f^{t} = \sigma^{t} - \sigma_3 \qquad (2.2.9)$$

式中,σ^{t} 为抗拉强度。

材料的抗拉强度不能超过如下定义的 $\sigma_{\max}^{t}$:

$$\sigma_{\max}^{t} = \frac{c}{\tan \varphi} \qquad (2.2.10)$$

势函数 g^{s} 对应于压剪破坏的非关联流动法则,其表达式如下:

$$g^{s} = \sigma_1 - \sigma_3 N_{\varphi} \qquad (2.2.11)$$

$$N_{\varphi} = \frac{1 + \sin \varphi}{1 - \sin \varphi} \qquad (2.2.12)$$

势函数 g^{t} 对应于拉应力破坏的相关联流动法则,其表达式如下:

$$g^{t} = -\sigma_3 \qquad (2.2.13)$$

对于剪切-拉应力处于边界的情况,MOHR–COULOMB 模型的流动法则通过定义三维应力空间中边界附近的混合屈服函数,定义函数 $h(\sigma_1, \sigma_3) = 0$,用以表示 (σ_1, σ_3) 平面中 $f^{s} = 0$ 和 $f^{t} = 0$ 所代表曲线的对角线,此函数的表达式为

$$h = \sigma_3 - \sigma^{t} + a^{P}(\sigma_1 - \sigma^{P}) \qquad (2.2.14)$$

式中，a^{P}，σ^{P} 是两个常量，定义为

$$a^{\mathrm{P}} = \sqrt{1+N_\varphi^2} + N_\varphi$$
$$\sigma^{\mathrm{P}} = \sigma^{\mathrm{t}} N_\varphi - 2c\sqrt{N_\varphi} \qquad (2.2.15)$$

弹性假设和破坏准则有差异，在（σ_1，σ_3）平面中（见图 2.2.3）分别位于区域 1 或区域 2（分别对应于 $h=0$ 区域内"−"和"+"区域）。如果位于区域 1，说明是剪切破坏，应用由势函数 g^{s} 确定的流动法则，应力点回归到 $f^{\mathrm{s}}=0$ 的曲线上；如果位于区域 2，说明是拉应力破坏，应用由势函数 g^{t} 确定的流动法则，应力点回归到 $f^{\mathrm{t}}=0$ 的曲线上。

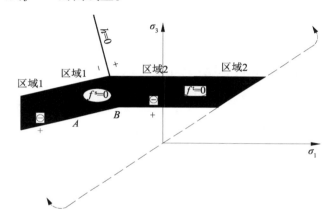

图 2.2.3　MOHR−COULOMB 模型中用以定义流动准则的区域

（2）塑性修正

首先考虑剪切破坏，流动法则如下：

$$\Delta e_i^{\mathrm{p}} = \lambda^{\mathrm{s}} \frac{\partial g^{\mathrm{s}}}{\partial \sigma_i} \quad (i=1,3) \qquad (2.2.16)$$

这里，上标 p 表示塑性部分；λ^{s} 是待定的参数，将式（2.2.11）中的 g^{s} 代入，通过偏微分以后，此式变为

$$\left.\begin{aligned} \Delta e_1^{\mathrm{p}} &= \lambda^{\mathrm{s}} \\ \Delta e_2^{\mathrm{p}} &= 0 \\ \Delta e_3^{\mathrm{p}} &= -\lambda^{\mathrm{s}} N_\varphi \end{aligned}\right\} \qquad (2.2.17)$$

弹性应变增量可以用总增量减去塑性增量表示，进一步利用式（2.2.17）的流动法则，有

$$\left.\begin{array}{l}\Delta\sigma_1=\alpha_1\Delta e_1+\alpha_2(\Delta e_2+\Delta e_3)-\lambda^s(\alpha_1-\alpha_2 N_\varphi)\\ \Delta\sigma_2=\alpha_1\Delta e_2+\alpha_2(\Delta e_1+\Delta e_3)-\lambda^s\alpha_2(1-N_\varphi)\\ \Delta\sigma_3=\alpha_1\Delta e_3+\alpha_2(\Delta e_1+\Delta e_2)-\lambda^s(-\alpha_1 N_\varphi+\alpha_2)\end{array}\right\} \qquad (2.2.18)$$

新旧应力状态分别用上标 N 和 O 来表示,然后定义

$$\sigma_i^N=\sigma_i^O+\Delta\sigma_i \quad (i=1,3) \qquad (2.2.19)$$

用此式代替式(2.2.18),并用上标 I 表示由弹性假设得到的应变和原应变之和,由总应变计算得到的弹性增量为

$$\left.\begin{array}{l}\sigma_1^I=\sigma_1^O+\alpha_1\Delta e_1+\alpha_2(\Delta e_2+\Delta e_3)\\ \sigma_2^I=\sigma_2^O+\alpha_1\Delta e_2+\alpha_2(\Delta e_1+\Delta e_3)\\ \sigma_3^I=\sigma_3^O+\alpha_1\Delta e_3+\alpha_2(\Delta e_1+\Delta e_2)\end{array}\right\} \qquad (2.2.20)$$

对于拉应力破坏的情况,流动法则为

$$\Delta e_i^p=\lambda^t\frac{\partial g^t}{\partial\sigma_i} \quad (i=1,3) \qquad (2.2.21)$$

这里,λ^t 是待定的参数,将式(2.2.13)中的 g^t 代入,通过偏微分以后,此式变为

$$\left.\begin{array}{l}\Delta e_1^p=0\\ \Delta e_2^p=0\\ \Delta e_3^p=-\lambda^t\end{array}\right\} \qquad (2.2.22)$$

重复上面相似的推理,可得到

$$\left.\begin{array}{l}\sigma_1^N=\sigma_1^I+\lambda^t\alpha_2\\ \sigma_2^N=\sigma_2^I+\lambda^t\alpha_2\\ \sigma_3^N=\sigma_3^I+\lambda^t\alpha_1\end{array}\right\} \qquad (2.2.23)$$

其中,

$$\lambda^t=\frac{f^t(\sigma_3^I)}{\alpha_1} \qquad (2.2.24)$$

2.2.4　二元 POWER-LAW 黏弹性模型

诺顿幂定律被广泛用于描述盐岩的蠕变力学特征,该定律的标准形式可写为

$$\dot{\varepsilon}_{cr}=A(\overline{\sigma})^n \qquad (2.2.25)$$

式中,$\dot{\varepsilon}_{cr}$ 为蠕变速率,$1/s$;$\overline{\sigma}$ 为 Von Mises 应力,MPa;A,n 为蠕变材料参数。

依据塑性理论中的定义,Von Mises 应力可由应力张量得到,即 $\overline{\sigma}=\sqrt{3J_2}$

（J_2 为有效偏应力张量 σ_{ij}^{d} 的第二不变量，可写为 $J_2 = \dfrac{\sigma_{ij}^{\mathrm{d}} \sigma_{ij}^{\mathrm{d}}}{2}$）。

以上论述中的偏应力增量可由下式得到：

$$\Delta \sigma_{ij}^{\mathrm{d}} = 2G(\dot{\varepsilon}_{ij}^{\mathrm{d}} - \dot{\varepsilon}_{ij}^{\mathrm{c}})\Delta t \qquad (2.2.26)$$

式中，G 为材料的剪切模量；$\dot{\varepsilon}_{ij}^{\mathrm{d}}$ 为应变速率张量中的偏应变率分量；$\dot{\varepsilon}_{ij}^{\mathrm{c}}$ 为蠕变应变率张量。其中 $\dot{\varepsilon}_{ij}^{\mathrm{c}}$ 由下式进行定义：

$$\dot{\varepsilon}_{ij}^{\mathrm{c}} = \frac{3}{2}\dot{\varepsilon}_{\mathrm{cr}}\left(\frac{\sigma_{ij}^{\mathrm{d}}}{\overline{\sigma}}\right) \qquad (2.2.27)$$

需要注意的是，在诺顿幂定律中，材料的体积应变被假定为服从弹性定律，因此在各向同性的均质材料中，球应力增量服从下式定义：

$$\Delta \sigma_{kk} = 3K\Delta \varepsilon_V \qquad (2.2.28)$$

式中，K 为材料的体积模量；$\Delta \varepsilon_V = \Delta \varepsilon_{11} + \Delta \varepsilon_{22} + \Delta \varepsilon_{33}$ 为体积应变。

通常，现实中可利用的资料有限，特别是缺乏用于进行模型参数校核的基本数据依据，因此，蠕变定律模型中不宜引入过多的参数。基于上述考虑，FLAC 3D 采用下式所定义的二元构成的幂律形式来描述蠕变应变率，即

$$\dot{\varepsilon}_{\mathrm{cr}} = \dot{\varepsilon}_1 + \dot{\varepsilon}_2 \qquad (2.2.29)$$

式中，$\dot{\varepsilon}_1, \dot{\varepsilon}_2$ 分别服从以下定义：

$$\dot{\varepsilon}_1 = \begin{cases} A_1(\overline{\sigma})^{n1} & \overline{\sigma} \geqslant \sigma_1^{\mathrm{ref}} \\ 0 & \overline{\sigma} < \sigma_1^{\mathrm{ref}} \end{cases}$$

$$\dot{\varepsilon}_2 = \begin{cases} A_2(\overline{\sigma})^{n2} & \overline{\sigma} \geqslant \sigma_2^{\mathrm{ref}} \\ 0 & \overline{\sigma} < \sigma_2^{\mathrm{ref}} \end{cases} \qquad (2.2.30)$$

上式定义具有多种变换形式：

① 默认形式：$\sigma_1^{\mathrm{ref}} = \sigma_2^{\mathrm{ref}} = 0$，因 $\overline{\sigma}$ 总是为正值，故式（2.2.25）变换为

$$\dot{\varepsilon}_{\mathrm{cr}} = A_1(\overline{\sigma})^{n1} \quad (\overline{\sigma} \geqslant \sigma_1^{\mathrm{ref}}) \qquad (2.2.31)$$

② 二元构成均得到激活的形式，即当 $\sigma_1^{\mathrm{ref}} = 0$，$\sigma_2^{\mathrm{ref}} =$ 无限大值时，有

$$\dot{\varepsilon}_{\mathrm{cr}} = A_1(\overline{\sigma})^{n1} + A_2(\overline{\sigma})^{n2} \quad (\sigma_1^{\mathrm{ref}} < \overline{\sigma} < \sigma_2^{\mathrm{ref}}) \qquad (2.2.32)$$

③ 当 σ_1^{ref}，σ_2^{ref} 在一定有限范围内取值时，岩体蠕变行为在不同应力区间的表现形式不同。

a. $\sigma_1^{\mathrm{ref}} = \sigma_2^{\mathrm{ref}} = \sigma^{\mathrm{ref}} > 0$ 时，

$$\dot{\varepsilon}_{\mathrm{cr}} = \begin{cases} A_2(\overline{\sigma})^{n2} & (\overline{\sigma} < \sigma^{\mathrm{ref}}) \\ A_1(\overline{\sigma})^{n1} & (\overline{\sigma} > \sigma^{\mathrm{ref}}) \end{cases} \qquad (2.2.33)$$

b. $\sigma_1^{\mathrm{ref}} < \sigma_2^{\mathrm{ref}}$ 时,

$$\dot{\varepsilon}_{\mathrm{cr}} = \begin{cases} A_2(\overline{\sigma})^{n2} & (\overline{\sigma} < \sigma_1^{\mathrm{ref}}) \\ A_1(\overline{\sigma})^{n1} + A_2(\overline{\sigma})^{n2} & (\sigma_1^{\mathrm{ref}} < \overline{\sigma} < \sigma_2^{\mathrm{ref}}) \\ A_1(\overline{\sigma})^{n1} & (\overline{\sigma} > \sigma_2^{\mathrm{ref}}) \end{cases} \tag{2.2.34}$$

c. $\sigma_1^{\mathrm{ref}} > \sigma_2^{\mathrm{ref}}$,应注意避免采用该组不合理的参数定义,该设置意味着当 $\overline{\sigma} < \sigma_2^{\mathrm{ref}}$ 或 $\sigma_1^{\mathrm{ref}} < \overline{\sigma}$ 时出现蠕变现象,而在应力区间 $\sigma_2^{\mathrm{ref}} < \overline{\sigma} < \sigma_1^{\mathrm{ref}}$ 内蠕变中断,这违背基本物理现实。

在迭代过程中,二元 POWER-LAW 黏弹性模型求解总体遵循如下步骤:

① 假定 t 时刻的单元应力为 $\sigma_{ij}^{(t)}$,相应的应变率张量为 $\dot{\varepsilon}_{ij} = \dot{\varepsilon}_{ij}^{\mathrm{e}} + \dot{\varepsilon}_{ij}^{\mathrm{c}}$,其中 $\dot{\varepsilon}_{ij}^{\mathrm{e}}$、$\dot{\varepsilon}_{ij}^{\mathrm{c}}$ 分别表示应变率中的弹性和蠕变构成分量;

② 当时间为 $t+\Delta t$ 时刻时,单元应力为 $\sigma_{ij}^{(t+\Delta t)}$,依据如下算式进行求解:

球应力: $\sigma_{kk}^{(t+\Delta t)} = \sigma_{kk}^{(t)} + 3K\dot{\varepsilon}_{kk}\Delta t$

偏应力: $\sigma_{ij}^{\mathrm{d}(t+\Delta t)} = \sigma_{ij}^{\mathrm{d}(t)} + 2G(\dot{\varepsilon}_{ij} - \dot{\varepsilon}_{ij}^{\mathrm{c}})\Delta t$

式中,$\dot{\varepsilon}_{ij}^{\mathrm{c}}$ 由式(2.2.27)获得;K、G 分别为材料的体积模量与剪切模量。

2.2.5　CPOWER 黏弹塑性模型

CPOWER 黏弹塑性模型综合考虑了由二元应变构成的诺顿幂定律所描述的黏弹性行为及由 MOHR-COULOMB 模型所描述的弹塑性行为。因此,CPOWER 模型尝试将单元总应变率 $\dot{\varepsilon}_{ij}$ 分解成三部分,分别为弹性应变率 $\dot{\varepsilon}_{ij}^{\mathrm{e}}$,蠕变应变率 $\dot{\varepsilon}_{ij}^{\mathrm{c}}$ 和塑性应变率 $\dot{\varepsilon}_{ij}^{\mathrm{p}}$,即总应变率服从

$$\dot{\varepsilon}_{ij} = \dot{\varepsilon}_{ij}^{\mathrm{p}} + \dot{\varepsilon}_{ij}^{\mathrm{c}} + \dot{\varepsilon}_{ij}^{\mathrm{e}} \tag{2.2.35}$$

特别地,模型假定单元应力增量或应力变化直接取决于应变量中的弹性构成部分,由此得到总应力中偏应力构成的定义:

$$\dot{S}_{ij} = 2G(\dot{e}_{ij} - \dot{e}_{ij}^{\mathrm{c}} - \dot{e}_{ij}^{\mathrm{p}}) \tag{2.2.36}$$

式中,$\dot{S}_{ij}$、$\dot{e}_{ij}$ 分别为总应力 $\dot{\sigma}_{ij}$、总应变张量 $\dot{\varepsilon}_{ij}$ 的偏量部分;G 为材料的剪切模量。相应地,单元球应力由下式得到:

$$\dot{\sigma}_{kk} = K(\dot{e}_{\mathrm{vol}} - \dot{e}_{\mathrm{vol}}^{\mathrm{p}}) \tag{2.2.37}$$

式中,$\dot{\sigma}_{kk} = \dfrac{\dot{\sigma}_{11} + \dot{\sigma}_{22} + \dot{\sigma}_{33}}{3}$;$\dot{e}_{\mathrm{vol}} = \dot{e}_{11} + \dot{e}_{22} + \dot{e}_{33}$;$K$ 为材料的体积模量。

依据前述二元构成的 POWER-LAW 黏弹性模量机制,蠕变行为激活与否取决于 Von Mises 应力 $\overline{\sigma} = \sqrt{3J_2}$ 与参考应力水平之间的关系,且在 CPOWER 模型中,蠕变应变率表现为

$$\dot{e}^{\,c}_{ij} = \dot{e}_{cr}\,\frac{\partial\overline{\sigma}}{\partial S_{ij}} \tag{2.2.38}$$

蠕变流动方向通过对 Von Mises 应力偏微分得到

$$\frac{\partial\overline{\sigma}}{\partial S_{ij}} = \frac{3}{2}\,\frac{S_{ij}}{\overline{\sigma}} \tag{2.2.39}$$

综合上述定义,CPOWER 模型的蠕变应变率写为二元构成表达形式:

$$\dot{e}_{cr} = \dot{e}^{\,1}_{cr} + \dot{e}^{\,2}_{cr} \tag{2.2.40}$$

其中构成分量为

$$\dot{e}^{\,1}_{cr} = \begin{cases} A_1(\overline{\sigma})^{n1} & \overline{\sigma} \geqslant \sigma^{ref}_1 \\ 0 & \overline{\sigma} < \sigma^{ref}_1 \end{cases}$$

$$\dot{e}^{\,2}_{cr} = \begin{cases} A_2(\overline{\sigma})^{n2} & \overline{\sigma} \leqslant \sigma^{ref}_1 \\ 0 & \overline{\sigma} > \sigma^{ref}_2 \end{cases} \tag{2.2.41}$$

式中,σ^{ref}_1,σ^{ref}_2 为模型参数。

塑性应变率的定义方法采用 MOHR-COULOMB 流动法则,即

$$\dot{e}^{\,p}_{ij} = \dot{e}_p\,\frac{\partial g}{\partial\sigma_{ij}} - \frac{1}{3}\dot{e}^{\,p}_{vol}\delta_{ij}$$

$$\dot{e}^{\,p}_{vol} = \dot{e}_p\left[\frac{\partial g}{\partial\sigma_{11}} + \frac{\partial g}{\partial\sigma_{22}} + \frac{\partial g}{\partial\sigma_{33}}\right] \tag{2.2.42}$$

由上式可知,塑性流动方向由 MOHR-COULOMB 模型的势函数 g 确定,且强度准则方程 $f=0$ 决定了塑性流动强度 $\dot{e}_p$ 的水平。在主应力空间内,MOHR-COULOMB 模型剪切屈服的强度准则及势函数分别为

$$f = \sigma_1 - \sigma_3 N_{\varphi} + 2c\sqrt{N_{\varphi}} \tag{2.2.43}$$
$$g = \sigma_1 - \sigma_3 N_{\psi} \tag{2.2.44}$$

相应地,张拉屈服的对应函数为

$$f = \sigma^t - \sigma_3 \tag{2.2.45}$$
$$g = -\sigma_3 \tag{2.2.46}$$

式中 σ_1,σ_3 分别为单元的最小、最大主应力(约定压应力为负);σ^t 为抗拉强度;c 为材料的黏结强度;φ 为摩擦角;ψ 为膨胀角。

其余参数定义为

$$N_{\varphi} = \frac{1+\sin\varphi}{1-\sin\varphi},\ N_{\psi} = \frac{1+\sin\psi}{1-\sin\psi} \tag{2.2.47}$$

在迭代过程中,模型应用大致遵从与二元 POWER-LAW 黏弹性模型及其 MOHR-COULOMB 模型类似的求解方法,区别仅在于应力更新过程中所采用

的应力-应变方程即本构方程服从黏弹性关系,而非静力求解中所引入的弹性假定。概括来讲,在任意时间步 Δt 内,程序先采用黏弹性假设求得主应力大小及其方向,继而采用强度准则进行屈服判断且所采用的流动法则与 MO-HR-COULOMB 一致。

2.3 FISH 语言

2.3.1 简介

FISH 语言是 FLAC 3D 的内嵌语言,用户可以借此定义新的变量和函数,以适应一些特殊的需要。例如,指定和输出新的变量、应用专用的网格生成器、在数值试验中进行伺服控制、研究材料参数的非常规分布、自动进行参数分析。

一些有用的 FISH 函数已经编写并存储在 FLAC 3D 的安装目录 Library 下。由于 FISH 只做有限的错误检查,故编写函数后,将编写的函数投入实际应用之前,应先用简单数据进行测试。编写 FISH 函数起于 define 语句,终于 end 语句。FISH 函数可以调用其他函数,只要这些函数在使用前就定义过,它们在函数文件中的顺序无关紧要。因为编译后的 FISH 函数文件储存在 FLAC 内存中,所以使用 SAVE 命令即可保存函数和相关变量的当前值。

2.3.2 FISH 语言编写规则、函数和变量

(1)命令行

命令行置于单词 define 之后,FISH 函数以 define 语句开始,在 end 语句处结束,一个有效的 FISH 代码必须是以下格式之一。

① 代码行以语句(statements)开始,比如 if,loop 等。

② 命令行含多个用户自定义函数时,函数名用空格间隔,例如:

fun_1 fun_2 fun_3

当以上函数名和用户定义的函数名一致时,函数即可依序执行。FISH 代码允许提前声明函数,即可以在函数定义前先进行函数声明。

③ 命令行包含赋值语句,将"="右边的符号赋给左边的变量和函数名。

④ FLAC 命令通过 command…end command 命令嵌入 FISH 函数中。

⑤ 空行或分号(;)开始的行(分号后面的代码将不被执行)。

(2)函数和变量的定义、相关规则和注意事项

1)函数的定义

函数是定义数据类型和返回值的若干行语句,也是 FISH 语言能执行的

唯一对象。函数以 define 语句开始，以 end 语句结束。在函数执行完毕后，end 语句将会返回给调用者（exit 语句也有将控制权返回给调用语句的作用）。

2）变量的定义

变量是指在程序运行时其值可以被改变的量，变量用来保存程序中的临时数据，对数据的操作是通过调用变量名进行的。

除了自定义变量外，FISH 中有许多可以满足用户调用的内置变量，这些内置变量被分为几类，其中一类是标量变量，只有单一数据。

3）相关规则和注意事项

变量名或函数名不能以数字开头且不能含有如下的任何字符：

. ，* ／ ＋ － ＾ ＝ ＜ ＞ #（）［］@ ；'"

尽管用户自定义名可为任意长度，但因代码行长度限制，当打印和绘制标题时，程序会自动删除多余字符。另外，用户自定义名不能与 FISH 语言和 FLAC 程序中的保留字相同，当程序中存在与保留字相冲突的代码时，FLAC 3D 不会给出任何提示，所以当运算结果不正确时，可以首先考虑是否与变量和函数名有关。

（3）函数与变量的区别及作用范围

1）函数和变量之间的区别

函数一旦被引用就总是会执行，而变量只传递当前值。函数的运行会产生其他变量值，利用这一点，当需要很多 FISH 变量的历史值时，只用一个函数就可以得到多个数值。

2）作用范围

变量名和函数名是全局性的。任何地方、任何时刻修改变量的值或函数名就会立即起作用。可以用 SAVE 和 RESTORE 命令保存和恢复所有变量的值。

（4）函数的调用、删除和重定义

1）函数的调用

函数是 FISH 执行的唯一对象，它在调用时通过提前设置变量的值来传递变量。可以采用以下的方式来调用函数×××：

① 以单一词汇×××出现在 FISH 代码行中；

② 以变量名×××形式出现在 FISH 程序的公式中，例如：

$$new\_var = (sqrt(×××)6.2)^5;$$

③ 以单一词汇×××出现在 FLAC 命令行中；

④ 作为数字置换的标志放于代码输入行中；

⑤ 作为 FLAC 命令 SET，PRINT 或 HISTORY 的一个参数。

一个函数在它本身被定义前可在另一个函数中被提及；FISH 编译器会在函数第一次被提及的位置做个记号，当函数被定义后再将它们与函数联系起来。函数可嵌套到任意层次，即函数可引用另外的函数，另外的函数又可引用其他函数，直到无穷。FISH 不允许递归函数调用（定义的函数尝试调用自身，会导致运行错误）。

2）函数的删除和重定义

FISH 函数可被删除和重定义。

① 删除：当 define 代码行后紧跟 end 时，说明没有创建新的函数，也就是说，仅仅删除了原有的函数。

② 重定义：当新的 define 代码行定义的函数和一个已有的函数重名时，对应旧的函数的代码行将被删除（有警告信息提示），新代码取而代之。

注意事项：

a. 本构模型不允许删除或重定义（因为旧的网格变量无法删除）。

b. 当函数被删除后，原有的函数变量依然存在，除非变量也执行了删除命令。这是因为变量是全局性的，被删除函数的函数名仍将作为变量名而存在。

c. 当函数被其他同名函数替换后，所有对原有函数的调用会自动由新函数替代。

（5）数据类型

1）基本类型介绍

FISH 变量或函数有 4 种数据类型：

① 整型：在介于 $-2147483648 \sim +2147483647$ 的整数范围内变化。

② 浮点型：$10^{-300} \sim 10^{300}$。

③ 字符型：以（'）为分界符，如'happy birthday'。

④ 指针型：机器地址。

变量类型可以动态变化，如下所示：

$$var1 = var2$$

如果 var1 和 var2 的数据类型不同，那么上述语句做了两件事，首先是把 var1 的数据类型转换成了 var2 的数据类型，然后将 var2 的值传递给 var1。

2）数据的运算和类型转换

运算符分为关系运算符和算术运算符。

关系运算符有 =（等于）、#（不等于）、>（大于）、<（小于）、>=（大于等于）、<=（小于等于）。

算术运算遵循大部分语言的惯例,运算符有^(求幂)、/(除)、*(乘)、-(减)、+(加)等,运算顺序按给定的优先运算顺序,可以使用圆括号来改变原来的优先运算顺序(圆括号内表达式的计算优先于括号外的任何运算,越内层的圆括号越优先计算)。

在运算过程中,同种数据类型之间的运算不改变数据类型,即两个浮点型数据运算的结果是浮点型,两个整型数据运算的结果是整型。这样的规则就导致整数相除出现截断误差,例如 7/2 的结果是 3,5/8 的结果是 0。

3）字符串的用法

对于字符串操作,FISH 语言有 3 个主要的内置函数:

① in(var):当变量 var 为字符串或者请示输入与否(“Input?”)的提示信息时,屏幕输出变量值。如果不是,则等待从键盘输入。其返回值类型依赖于输入的字符类型。FISH 语言解码时首先按整型数据解码,然后是浮点型。因此,如果输入的字符为单一的数字,那么它能被解码成整数或者浮点数,返回值也就可能是整型或者浮点型。整行必须均为数字,若紧随数字之后出现空格、逗号或者括弧时,则该行上其他的字符都将被忽略。当用户输入的字符不能解码成单一的数字时,返回的值将是包含字符序列的一个字符串。函数 type( )可用来确定用户的 FISH 函数返回值的数据类型。

② out(s):输出变量 s 的值到屏幕上(当日志文件打开时,也将 s 输入其中),变量 s 必须是字符型数据。若没有发现错误,则返回值为 0;否则(s 不是字符串时)返回值为 1。

③ string(var):将变量 var 转换为字符型数据。当 var 已经是字符型时,该函数只会把 var 的值作为返回值。当 var 为整数或浮点数时,该数字将会以字符串形式返回,和作为数字输出的字符一致。注意,返回值中不包含空格。以上 3 个内置函数的用途是做交互式输入和输出。

注:一些特殊字符用下列方法控制:\'(单引号)、\"(双引号)、\\(反斜线符号)、\b(退格键)、\t(制表键)、\r(回车键)、\ n(回车换行)。

2.3.3　FISH 语言语句

(1) 说明语句

数组声明语句:

array var1 (n1,n2,…) ［var2(n1,n2,…)］…

若函数中出现此语句,则每个 FLAC 3D STEP (步)自动执行 whilestepping 函数。

使用 array 语句可以存储数字或字符串的多维数组。用 FISH 语言编写的函数可以实现将数组各元素直接输入输出。三种基本控制语句如下。

1）选择语句

选择语句的作用是根据表达式的值，分别执行不同的 FISH 语句，相当于 C 语言中的 switch 开关语句。选择语句的基本结构如下：

```
caseof    expr
;............................................默认情况下的语句
case n1
;............................................表达式为 n1 时的语句
case n2
;............................................表达式为 n2 时的语句
case n3
;............................................表达式为 n3 时的语句
endcase
```

case i 语句可以有无数个，可以自己添加。

2）条件语句

条件语句主要根据表达式的不同值来进行不同的操作，其基本结构如下：

```
if expr1 test expr2 then
else if expr1 test expr2 then
else
endif
```

这些命令允许有条件地执行 FISH 函数段，ELSE 和 THEN 是可以选择的，其中的 test 条目由以下符号或符号对组成：

$$= 、\# 、> 、< 、> = 、< =$$

其中，#表示"不相等"，其余符号所表示的意义是标准的含义。expr1 和 expr2 命令条是任何有效的表达式或单个变量。如果条件为真，那么跟在 if 后面的语句将会立刻执行，直到 else 或者 endif 出现。当条件为假时，如果 else 命令存在，则执行在 else 和 endif 之间的语句，否则，程序跳到 endif 后面的第一行。

3）循环语句

循环语句有 3 种形式，分别针对不同的变量数值及条件表达式。

第一种形式为

```
loop var（expr1,expr2）
endloop
```

其中,变量 var 表示循环变量(loop),expr1 和 expr2 代表公式或者单个变量,变量 var 的数值变化范围为 expr1 和 expr2 之间。执行循环时,首先将 var 赋值为 expr1,每循环一次,var 的数值增加 1,直到超过 expr2 的值,循环结束。所以 expr1 在数值上应该比 expr2 小,否则该循环只执行一次。

另两种形式为

loop while expr1 test expr2

endloop

或

loop foreach var expr1

endloop

（2）其他控制语句

1）command…end command 语句（命令语句）

FISH 函数有多种调用方式,例如,通过 LIST 调用或通过在 FLAC 命令行中定义函数调用。FLAC 命令也可以在 FISH 函数中被调用,大多数的 FLAC 命令都能嵌入下面的 FISH 语句中:

command

end command

该语句提示此段内全部内容为 FLAC 3D 命令,当然也可以是 FISH 函数名,但不允许递归调用。

从一个 FISH 函数中调用 FLAC 命令有两个主要的原因:第一,让使用 FISH 函数来执行一些操作成为可能,这些操作通过之前定义的变量是不可能执行的;第二,这样做可以用 FISH 函数控制整个 FLAC 的运行。

2）exit 语句

该命令使程序无条件地跳转到当前执行函数的结束处。

3）exit section 语句

该语句使程序无条件地跳转到相应的 section 结束处。

4）section…endsection 语句

FISH 语言中没有"go to"命令,section 允许程序以某种可以控制的方式跳转,section…endsection 可包含任意行的 FISH 代码,且并不影响代码的运行;而在代码段内的 exit section 命令将使程序直接跳转到代码段的结束位置。

2.3.4　FISH 内建变量、函数

（1）常规标变量

表 2.3.1 列出了有一个简单值的常规标变量。

表 2.3.1 常规标变量

变量名	说明	变量名	说明
time. clock	0 点计数的百分之一秒数	math. pi	π
model cycle	当前循环(步)数	model step	当前步(循环)数
math. degrad	π/180	zone. unbal	最大不平衡力
grand	随机数	math. random. uniform	0.0~1.0 的随机数
null	空指针		

（2）内建函数

FISH 内建的函数见表 2.3.2。

表 2.3.2 内建函数

函数名	说明
math. abs(a)	求 a 的绝对值
math. acos(a)	求 a 的反余弦
math. and(a,b)	求 a,b 两位数的逻辑与
math. asin(a)	求 a 的反正弦(弧度)
math. atan(a)	求 a 的反正切(弧度)
math. atan2(a,b)	求 a/b 的反正切(弧度)
math. cos(a)	求 a(弧度)的余弦
util. error	错误
math. exp(a)	工程指数 a
fc_arg(n)	转到函数的 n 参数
float(a)	转换成浮点数
memory. create(nw)	获得 nw 变量在 FLAC 3D 的内存空间地址
math. random. gauss	随机数,−1.0~1.0
io. in (s)	键盘输入函数,s 为提示信息
inrange(string,point)	是否在范围内,0=不在范围内,1=在范围内
int (a)	转换为整型数
math. log (a)	求 a 的自然对数
math. ln (a)	求 a 以 10 为底的对数
memory. delete(nw,ia)	释放内存到 FLAC 3D

函数名	说明
math. max（a,b）	求 a,b 的最大值
memory（memptr）	返回内存地址内容
math. min（a,b）	求 a,b 的最小值
math. not（a）	求 a 的逻辑反
null	连接表的尾
math. or（a,b）	a,b 的逻辑或
io. out（s）	屏幕输出字符串 s
math. round（a）	将 a 四舍五入
math. sgn（a）	求 a 的符号函数
math. sin（a）	求 a 的正弦
math. sqrt（a）	求 a 的开方
string（a）	将 a 转换成字符串
math. tan（a）	求 a 的正切
type（e）	数据类型函数，1＝整型，2＝浮点型，3＝字符型，4＝指针型，5＝数组型
math. random. uniform	随机数，0.0～1.0

2.3.5　基于 FISH 语言的简单网格生成

当模型十分复杂,用 FLAC 3D 中内置的基本网格不容易构造时,可以使用 FISH 语言来生成模型。例如,模型的一个不规则形状的表面可以通过 FISH 语言借助用户自定义的函数来调整网格结点进而生成。

应用 FISH 语言也可以建立用户自己的基本形状网格库。例如生成球形洞室时,先建立一个放射状网格(见图 2.3.1)。考虑到球形的对称性,仅建立 $\frac{1}{8}$ 的网格,然后通过镜像这个网格就可以生成完整的球形洞室的网格。

radbrick 原始形状是建立 radsphere 形状的基础。首先要确立立方体中球形的参数:球形洞室的半径;立方体外边界的长度;沿立方体边界的单元数目;在半径的方向上从立方体内部到外部的单元数目。然后生成一个 radbrick 网格,要求球形洞室刚好内切于生成的 radbrick 网格内部的立方体。例 2-1 给出了上述步骤的程序,生成的网格几何比率为 1:2。

【例 2-1】　在内嵌矩形洞室周围建立等分放射状网格。

［global rad＝4.0］；radius of spherical cavity

［global len＝10.0］；length of outer box edge

zone create radial-brick edge @ len size 6,6,6,10 …

  rat 1.0 1.0 1.0 1.0 1.2 dim @ rad @ rad @ rad

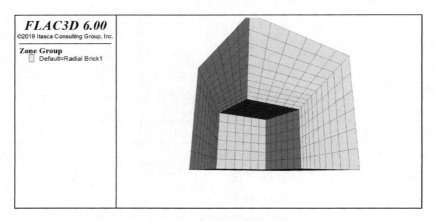

图 2.3.1　内嵌矩形洞室周围的放射状网格

　　立方体内边界的网格点现在被重新定位,形成一个球形空腔周围的网格。FISH 函数 make sphere 循环遍历所有的网格点,并使用一个线性插值沿着从球体原点到外框边缘的网格点的径向线重新映射它们的坐标。图 2.3.2 显示了最终形式的网格。例 2-2 给出 make sphere 函数的 FISH 语言程序。

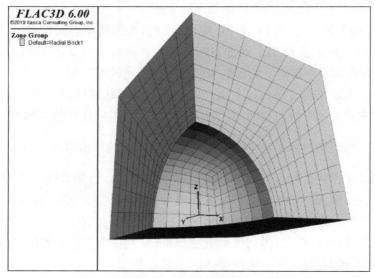

图 2.3.2　修正为球形洞室周围的放射状网格

【例 2-2】　FISH 语言编制的 make sphere 函数。

```
fish define make_sphere
    ; Loop over all GPs and remap their coordinates：
    ;    assume len>rad
    loop foreach local gp gp. list
        local p =gp. pos(gp) ; Get gp coordinate：p
        local dist = math. mag(p)
        if dist>0 then
            local k = rad/dist
            local a = p * k ; Compute a=point on sphere radially "below" p.
            local maxp = math. max(p->x,p->y,p->z)
            k =len/maxp
            local b = p * k ; Compute b=point on outer box boundary
                                        ; radially "above" p.
            local u = (maxp-rad)/(len-rad) ; Linear interpolation：p=A+u * (B-A)
gp. pos(gp) = a + (b-a) * u
endif
endloop
end
return
```

2.4　边界条件及初始条件

2.4.1　边界条件

（1）应力边界条件及应力梯度

1）应力边界条件

在 FLAC 3D 程序中,可以使用命令 apply 在任何边界或部分边界上施加力或应力约束条件。应力分量关键字为 sxx,syy,szz,sxy,sxz,syz,例如：

apply szz=－le5 sxz=－0. 5e5 range z －0. 1 0. 1

该命令表示在网格的底面 z －0. 1 0. 1 范围内施加应力 szz=－le5 和 sxz=－0. 5e5,其他应力均为 0。apply 的作用范围由关键字 range 定义,同时在 FLAC 3D 程序中,以拉应力为正、压应力为负。

作用在网格上的集中力可以采用关键字 xforce,yforce,zforce 等施加,表示集中力在 x,y 和 z 方向的分量。

2）应力梯度

在 FLAC 3D 程序中,采用命令 apply 中的关键字 gradient 在指定范围内施加线性变化的应力或力。gradient 后有 3 个参数 gx,gy 和 gz,说明应力或力在坐标 x,y,z 方向上的变化,其计算公式为

$$S=S(o)+gxx+gyy+gzz$$

例如:

apply sxx −10e6 gradient 0 0 le5 range z −100 0

该命令说明应力 sxx 是沿 z 方向线性变化的,其计算公式为

$$sxx=-10e6+le5z$$

其变化范围为坐标 z 从−100 到 0。

（2）改变应力边界条件

在很多实例中,逐步改变应力边界条件是十分有必要的。改变应力边界条件的方法有 3 种,分别是采用 apply remove 改变应力边界条件、采用 FISH 的历史函数改变应力边界条件和采用 TABLE history 改变应力边界条件。

（3）位移边界条件

在 FLAC 3D 程序中,位移不能直接控制,即它们在计算中是不起作用的。位移来源于速度,可以使用命令 apply,fix,ini 来指定速度,也可以设置梯度。其分量关键字为 xvel,yvel,zvel,分别表示坐标 x,y 和 z 方向的速度值。

（4）边界条件命令及格式

1）格式

格式一:

apply <关键字> ［关键字］ <值> ［关键字］ ［range …］

或

apply remove ［关键字］ ［range…］

此命令可以对模型网格内外边界或内部结点加载力学、流体和热边界条件,也可以对模型中的单元体加载力、流体源或热源。在编辑过程中需要注意关键字指定的类型,比如结点、单元体或面等类型,若没有指定范围,则表示该命令施加到整个模型上。

格式二:

fix <关键字> … ［range …］

此命令使所选结点的速率固定不变,或使孔隙压力和温度不发生变化。如果要求位移不变,可设速率初始值为零,那么求解开始时速率默认值就是零。如果没指定范围,则表示该命令施加到整个模型上。

格式三：

free <关键字> … ［range …］

此命令表示释放由 fix 命令对结点所设置的约束，若没指定范围，则表示该命令施加到整个模型上。

2）关键字

apply 命令关键字及说明见表 2.4.1。

表 2.4.1　apply 命令关键字及说明

	apply 关键字	说明
结点边界条件	zone faceapply acceleration-dip	施加结点局部坐标 dip 方向（倾向）的加速分量（仅动力学可选模型）
	zone faceapply quiet-dip	施加结点局部坐标 dip 方向（倾向）的静态边界（仅动力学可选模型）
	zone faceapply velocity-dip	施加结点坐标 dip 方向（倾向）的速度分量
	zone dynamic free-field	自由边界条件（仅动力学可选模型）
	zone faceapply acceleration-normal	施加结点局部坐标法线方向的加速分量（仅动力学可选模型）
	zone faceapply quiet-normal	施加结点局部法线方向的静态边界（仅动力学可选模型）
	zone faceapply velocity-normal	施加结点局部坐标法线方向的速度分量
	zone faceapply acceleration-strike	施加结点局部坐标走向方向的加速分量（仅动力学可选模型）
	zone faceapply quiet-strike	施加结点局部坐标走向方向的静态边界
	zone faceapply velocity-strike	施加结点局部坐标走向方向的速度分量
	zone faceapply acceleration-x	施加结点 x 方向的加速度分量（仅动力学可选模型）
	zonegridpoint fix force-applied-x	施加结点力的 x 方向分量
	zone faceapply reaction-x	施加结点反作用力的 x 方向分量
	zone faceapply velocity-x	施加结点速度的 x 方向分量
	zone faceapply acceleration-y	施加结点 y 方向的加速度分量（仅动力学可选模型）
	zonegridpoint fix force-applied-y	施加结点力的 y 方向分量
	zone faceapply reaction-y	施加结点反作用力的 y 方向分量
	zone faceapply velocity-y	施加结点速度的 y 方向分量
	zone faceapply acceleration-z	施加结点 z 方向的加速度分量（仅动力学可选模型）

续表

apply 关键字		说明
结点边界条件	zone gridpoint fix force-applied-z	施加结点力的 z 方向分量
	zone faceapply reaction-z	施加结点反作用力的 z 方向分量
	zone faceapply velocity-z	施加结点速度的 z 方向分量
	zone gridpoint fix well	在指定范围内对每个边界结点施加流速,用来指定恒定的流入($v>0$)或流出($v<0$)(流体模型)
	zone gridpoint fix source	在指定范围内对每个边界结点施加热源(W),用 interior 关键字给内部结点施加条件,热源的衰减可用 FISH 中 history 关键字
单元体边界条件	zone apply force-x	施加单元体力的 x 方向分量
	zone apply force-y	施加单元体力的 y 方向分量
	zone apply force-z	施加单元体力的 z 方向分量
	zone apply well	在指定范围内对每个单元体指定流体容积率(例如,流体容积/单位时间内单元体的单位体积)(流体模型)
	zone apply source	在指定范围内对每个单元体施加体积热源(W/m^3)(热力模型)
面边界条件	zone faceapply stress-dip	施加局部面坐标倾向的应力分量
	zone faceapply stress-normal	施加局部面坐标法向的应力分量
	zone faceapply stress-strike	施加局部面坐标走向的应力分量
	zone faceapply stress-xx	施加面应力张量的 xx 方向分量
	zone faceapply stress-xy	施加面应力张量的 xy 或 yx 方向分量
	zone faceapply stress-xz	施加面应力张量的 xz 或 zx 方向分量
	zone faceapply stress-yy	施加面应力张量的 yy 方向分量
	zone faceapply stress-yz	施加面应力张量的 yz 或 zy 方向分量
	zone faceapply stress-zz	施加面应力张量的 zz 方向分量
	zone face apply discharge	施加面法向边界的流速(m/s)(流体模型)
	zone face apply leakage $v_1 v_2$	v_1 为渗漏层的孔隙压力;v_2 为渗漏系数[$m^3/(N \cdot s)$](流体模型)
	zone face apply convection $v_1 v_2$	v_1 为发生对流的温度;v_2 为渗热对流转换[$W/(m^2 \cdot ℃)$](热力模型)
	zone face apply flux	初始能量(热力模型)

续表

apply 关键字			说明
其他	add		在边界已存在的值之上再增加指定值(新数值之前)
	multiply		在边界已存在的值之上再乘以指定值(新数值之前)
	Gradient gx gy gz		根据 x,y,z 坐标值进行渐变,关系式为值＝初值+ $gx \cdot x + gy \cdot y + gz \cdot z$(新数值之后)
	History　<关键字>		对数值施加记录采样倍数器,下列两个关键字之一(新数值之后)
		name　倍数器是一个 FISH 函数,name 为 FISH 函数名	
		table　n　[关键字](n 为表号)	
		string　[关键字]　(string 为表名)	
	creep		蠕变时间比例
	dynamic		动力学时间比例
	fluid		流体流动时间比例
	thermal		热力时间比例
	interior		允许边界条件施加到内部结点,仅结点类型关键字(新数值之后)
	plane<关键字>value		
			施加局部平面的边界条件
		dd　d	倾向,在全局 xy 平面内,以正 y 轴为起点顺时针方向计量
		dip　d	倾角,以全局 xy 平面为起点,沿负 z 轴方向计量
		normal xn yn zn	(xn,yn,zn) 为平面的法向量
	remove[关键字][range]		
			移除边界条件
		[gp][range]	移除指定范围内结点的边界条件
		[zone][range]	移除指定范围内单元体的边界条件
		[face][range]	移除指定范围内平面的边界条件

fix 命令关键字及说明见表 2.4.2。

表 2.4.2　fix 命令关键字及说明

关键字	说明
zone gridpoint fix pore-pressure,zone gridoint free pore-pressure[value]	固定网格点的孔隙压力,若给出 value 值,则固定在指定值上
zone gridpoint fix temperature,zone gridpoint free temperature[value]	固定网格点的温度,若给出 value 值,则固定在指定值上
zone gridpoint fix velocity-x,zone gridpoint free velocity-x	固定 x 方向速率
zone gridpoint fix velocity-y,zone gridpoint free velocity-y	固定 y 方向速率
zone gridpoint fix velocity-z,zone gridpoint free velocity-z	固定 z 方向速率

2.4.2　初始条件与加载顺序

（1）初始条件

1）初始条件命令及格式

① 格式。

　　　initlal <关键字> ［关键字］ <值>　grad gx gy gz]［range …]

此命令表示在给定范围内对某结点或单元体分配初始值,若没有指定范围,则施加到整个模型。

② initial 命令及关键字见表 2.4.3。

表 2.4.3　initial 命令及关键字

关键字	说明
blot_mod	流体模型的毕奥系数
zone dynamic damping or zone mechanical damping	对空间变量定义衰减参数
combined［value］	结合局部衰减,默认值为 0.8
local［value］	局部衰减,默认值为 0.8
rayleigh frac freq［mass stiff］	
	略(动力分析模型)
zone initialize density	单元体密度
zone initialize fluid-density	单元体密度(流体模型)
zone gridpoint initialize fluid-fmodulus	体积模量(流体模型)
zone gridpoint initialize extra(i)	临时数组索引号 i 的临时结点变量

续表

关键字	说明
zone gridpoint initialize pore-pressure	结点的孔隙压力
zone initialize state (0)	四面体的塑性标志设置为 0(无塑性破坏)
zone initialize stress-xx	xx 方向应力分量
zone initialize stress-xy	xy 方向应力分量
zone initialize stress-xz	xz 方向应力分量
zone initialize stress-yy	yy 方向应力分量
zone initialize stress-yz	yz 方向应力分量
zone initialize stress-zz	zz 方向应力分量
zone gridpoint initialize temperature	结点温度(热力模型)
zone gridpoint initialize position-x	结点 x 坐标
zone gridpoint initialize displacement-x	结点 x 方向位移
zone gridpoint initialize velocity-x	结点 x 方向速率
zone gridpoint initialize position-y	结点 y 坐标
zone gridpoint initialize displacement-y	结点 y 方向位移
zone gridpoint initialize velocity-y	结点 y 方向速率
zone gridpoint initialize position-z	结点 z 坐标
zone gridpoint initialize displacement-z	结点 z 方向位移
zone gridpoint initialize velocity-z	结点 z 方向速率
zone initialize extra(i)	临时数组索引号 i 的临时单元体变量
其他(仅对结点)	
add	在结点已存在的值之上再增加指定值(新数值之前)
multiply	在边界已存在的值之上再乘以指定值(新数值之前)
gradient gx gy gz	根据 x,y,z 坐标值进行渐变,关系式为值=初值$+gx \cdot x + gy \cdot y + gz \cdot z$(新数值之后)

2）考虑应力梯度的均匀材料

例 2-3 说明了考虑重力梯度的应力状态初始化。

【例2-3】 在重力梯度下的应力状态初始化。

```
zone create brick size 10 10 10 point 1 20 0 0 point 2 0 20 0 point 3 0 0 20
zonecmodel assign mohr-coulomb
zone prop bulk 5e9 shear 3e9 friction 35
zone initialize density 2500
model gravity 0 0 −10
zonegridpoint fix velocity-x range position-z −0.1 0.1
zonegridpoint fix velocity-y range position-z −0.1 0.1
zonegridpoint fix velocity-z range position-z −0.1 0.1
zone initialize stress-zz −5.0e6 gradient 0 0 2.5e4
zone initialize stress-yy −2.5e6 gradient 0 0 1.25e4
zone initialize stress-xx −2.5e6 gradient 0 0 1.25e4
zone faceapply stress-zz −4.5e6 range position-z 19.9 20.1
zone faceapply stress-zz −5.0e6 range position-z −0.1 0.1
zone faceapply stress-xx −2.5e6 gradient 0 0 1.25e4 range position-x −0.1 0.1
zone faceapply stress-xx −2.5e6 gradient 0 0 1.25e4 range position-x 19.9 20.1
zone faceapply stress-yy −2.5e6 gradient 0 0 1.25e4 range position-y −0.1 0.1
zone faceapply stress-yy −2.5e6 gradient 0 0 1.25e4 range position-y 19.9 20.1
```

上述语句运行结果如图2.4.1。

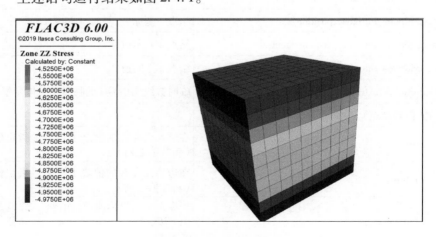

图2.4.1 zz方向应力图

（2）加载顺序

通常FLAC 3D的模拟计算流程可以分为前处理和后处理两部分。其中，前处理主要是采用编写命令的方式让程序完成整个工程模型的计算,可以以txt,dat 等数据文件编写命令。前处理由模型网格划分与建立、初始应力计算(输入模型参数、设置边界条件、平衡初始应力)、工程活动模拟等过程组成。后处理主要是对前处理得到的结果进行加工提取,包括云图的显示和输出、单元结点信息的提取和绘图等。

　　利用 FLAC 3D 软件进行储气库建设和注采运行模拟计算的流程如图2.4.2 所示。

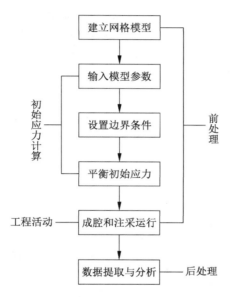

图 2.4.2　FLAC 3D 模拟计算流程

　　① 根据实际工程地质条件,运用 Rhino 软件(三维建模工具)建立三维数值模型,合理地划分网格与计算单元,再将模型导入 FLAC 3D,输入模型参数,赋予材料参数值,定义其本构模型,限定边界条件和初始条件。

　　② 验证所建模型是否达到静力平衡状态。

　　③ 模型达到静力平衡后,可以改变其受力条件(或其他边界、开挖条件等)。通过在分析的不同阶段应用不同的模型加载条件,我们可以模拟物理加载的变化,如造腔和运行。可以运用以下多种方法指定加载的变化:采用新的应力或位移边界;改变单元的材料模型为空模型或者不同材料的模型;改变材料特性参数。

　　④ 计算条件变化后模型达到新的平衡状态,即完成不同工程活动的仿真计算。

⑤ 完成整个工程的模拟计算,提取数据并进行分析。

2.5 建模与导入

2.5.1 Rhino 介绍

Rhino 是 Rhinoceros 的简写,是以 NURBS 为核心的专业的 3D 建模软件,被广泛地应用于三维动画制作、工业设计、科学研究等领域。尽管 FLAC 3D 自带建模功能,但其自建模功能相对复杂,且需要运用 FISH 语言编程,因此相对较麻烦。目前盐穴形态均通过声呐技术探测获得,盐穴表面凹凸不平,尤其是夹层位置储气库腔体棱角较多,相比于房屋其结构相对复杂,因此运用 Rhino 更精确且更便于建模。

Rhino 的使用习惯与 AutoCAD 类似,并且一些按键功能如 F3 是调用属性面板,F7 是消除背景网格,F8 是正交设置,F9 是锁定格点等,也与 CAD 使用习惯相似。Rhino 6.0 的工作界面如图 2.5.1 所示,包括菜单栏、命令行、工具栏、工作窗口、状态栏、属性和图层面板等部分。

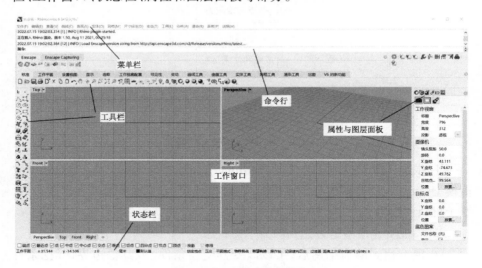

图 2.5.1 Rhino 工作界面

Rhino 可以十分方便地导入、创建、编辑和导出如图 2.5.2 所示的各种格式(如 obj,dxf,iges,stl,3dm 等)的几何对象,因此能够与大多数设计软件(如 AutoCAD,MicroStation 等)进行数据交换。

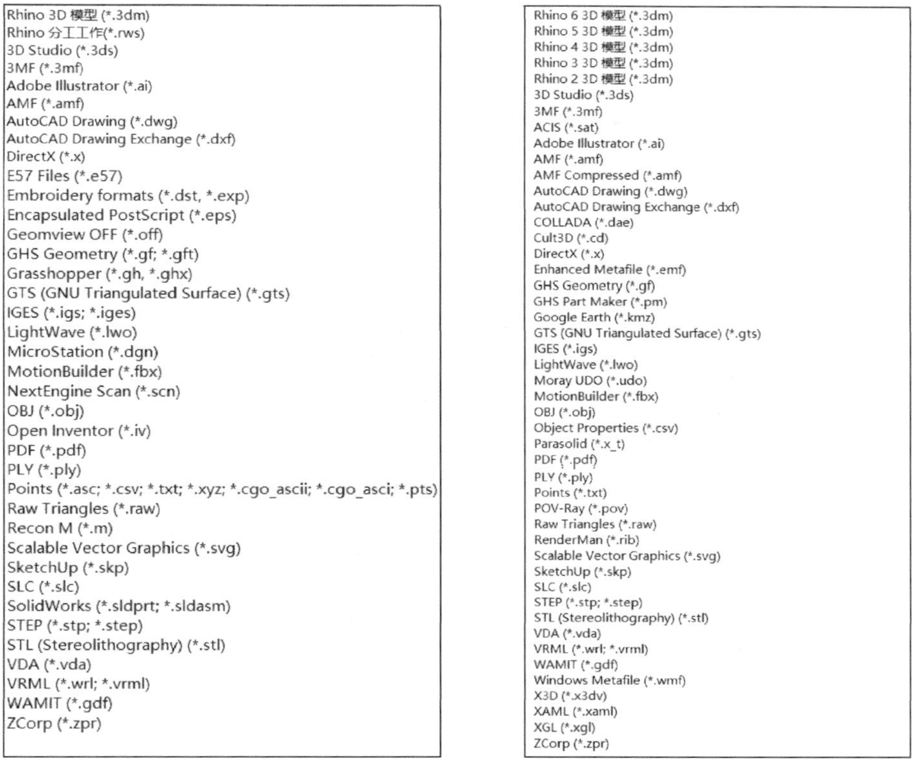

```
Rhino 3D 模型 (*.3dm)
Rhino 分工工作(*.rws)
3D Studio (*.3ds)
3MF (*.3mf)
Adobe Illustrator (*.ai)
AMF (*.amf)
AutoCAD Drawing (*.dwg)
AutoCAD Drawing Exchange (*.dxf)
DirectX (*.x)
E57 Files (*.e57)
Embroidery formats (*.dst, *.exp)
Encapsulated PostScript (*.eps)
Geomview OFF (*.off)
GHS Geometry (*.gf; *.gft)
Grasshopper (*.gh, *.ghx)
GTS (GNU Triangulated Surface) (*.gts)
IGES (*.igs; *.iges)
LightWave (*.lwo)
MicroStation (*.dgn)
MotionBuilder (*.fbx)
NextEngine Scan (*.scn)
OBJ (*.obj)
Open Inventor (*.iv)
PDF (*.pdf)
PLY (*.ply)
Points (*.asc; *.csv; *.txt; *.xyz; *.cgo_ascii; *.cgo_asci; *.pts)
Raw Triangles (*.raw)
Recon M (*.m)
Scalable Vector Graphics (*.svg)
SketchUp (*.skp)
SLC (*.slc)
SolidWorks (*.sldprt; *.sldasm)
STEP (*.stp; *.step)
STL (Stereolithography) (*.stl)
VDA (*.vda)
VRML (*.wrl; *.vrml)
WAMIT (*.gdf)
ZCorp (*.zpr)
```

(a)

```
Rhino 6 3D 模型 (*.3dm)
Rhino 5 3D 模型 (*.3dm)
Rhino 4 3D 模型 (*.3dm)
Rhino 3 3D 模型 (*.3dm)
Rhino 2 3D 模型 (*.3dm)
3D Studio (*.3ds)
3MF (*.3mf)
ACIS (*.sat)
Adobe Illustrator (*.ai)
AMF (*.amf)
AMF Compressed (*.amf)
AutoCAD Drawing (*.dwg)
AutoCAD Drawing Exchange (*.dxf)
COLLADA (*.dae)
Cult3D (*.cd)
DirectX (*.x)
Enhanced Metafile (*.emf)
GHS Geometry (*.gf)
GHS Part Maker (*.pm)
Google Earth (*.kmz)
GTS (GNU Triangulated Surface) (*.gts)
IGES (*.igs)
LightWave (*.lwo)
Moray UDO (*.udo)
MotionBuilder (*.fbx)
OBJ (*.obj)
Object Properties (*.csv)
Parasolid (*.x_t)
PDF (*.pdf)
PLY (*.ply)
Points (*.txt)
POV-Ray (*.pov)
Raw Triangles (*.raw)
RenderMan (*.rib)
Scalable Vector Graphics (*.svg)
SketchUp (*.skp)
SLC (*.slc)
STEP (*.stp; *.step)
STL (Stereolithography) (*.stl)
VDA (*.vda)
VRML (*.wrl; *.vrml)
WAMIT (*.gdf)
Windows Metafile (*.wmf)
X3D (*.x3dv)
XAML (*.xaml)
XGL (*.xgl)
ZCorp (*.zpr)
```

(b)

图 2.5.2　导出几何对象

2.5.2　ITASCA 建模程序特点

ITASCA 国际集团公司集产学研于一体,除了为岩石力学学科发展和岩土工程实践做出了突出贡献外,还发明、开发了一系列在国际范围内普遍应用的技术、设备和计算机软件,包括全球范围内应用范围最广、用户最多的岩石力学数值分析软件 FLAC,FLAC 3D, UDEC,3DEC,PFC,MINEDW,xSite 等。

Griddle,BlockRanger 和 Kubrix 是 ITASCA 公司近 10 余年基于 Rhino 平台开发的建模软件,其具备自动或交互式网格剖分功能,能够依据少量的参数控制建立高质量的四面体、六面体、八叉树(Octree)等模型,并输出各种通用有限差分、有限元和离散元模型。

Griddle 是一款基于 Rhino5.0 或 6.0 软件平台的全交互式通用网格生成插件。Griddle 能够将 Rhino 的面网格按照一定的精度重新剖分为三角形或四边形面网格,成面,以面网格为边界,生成高质量的四面体、六面体或混合网格。最后,输出 FLAC 3D,3DEC,ANSYS,ABAQUS,NASTRAN 格式的网格或块体模型。

BlockRanger 也是一款加载于 Rhino 平台的插件,安装后运行 Rhino 程序,在 Rhino 工作界面将出现如图 2.5.3 所示的 Griddle 和 BlockRanger 工具栏指示。

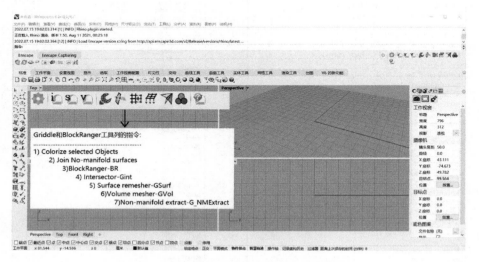

图 2.5.3   Griddle 和 BlockRanger 工具栏指示

Griddle 和 BlockRanger 工具栏指示工作列包括 7 个指令按钮,具体功能如下:

① Colorize Selected Objects:对于选中的对象,以不同颜色区别显示。

② Join No-Manifold surfaces:将多个曲面或多重曲面合并成一个非流形多重曲面。

③ BR:执行 BlockRanger 网格划分。

④ Gint:进行交叉网格的清理。

⑤ GSurf:面网格的重新生成。

⑥ GVol:以面网格为边界生成体网格,并且输出 FLAC 3D,3DEC,AN-SYS,ABAQUS,NASTRAN 格式文件。

⑦ G_NMExtract:抽离网格单元。

2.5.3   Griddle 的特点

Griddle 基于 Rhino 中多重曲面网格进行网格重剖分并输出有限元网格或者离散元块体模型。其不仅功能强大,而且易于使用。可以说,只要会操作 Rhino,就会运用 Griddle 建模。至于 Rhino 的面网格,既可以运用 Rhino 中大量的建模工具建立实体并剖分网格,也可以通过其他的软件导入网格。

有限差分(FLAC 3D)和有限元(ANSYS,ABAQUS,NASTRAN 等)模型主要是求解方法不同,而网格具有高度相似性,因此,基本可以等同视之。而离散元 3DEC 模型为离散块体的集合,其需要导入块体,再根据需要进行网格剖分。

总体上讲,在具备网格的基础上,Griddle 能够快速建立高质量的有限元或离散元模型,其功能强大且易于使用,特别适用于复杂三维几何模型的非结构化建模。

2.5.4　基于 Rhino+Griddle 的快速建模技术

下面首先介绍基于 Rhino 平台 Griddle 程序的快速建模工作流程,进而对 Griddle 的 GInt(交叉网格清理)、GSurf(面网格重剖分)、GVol(体网格生成与输出)这 3 个命令的功能与控制参数进行介绍,最后对建模过程如何实现 FLAC 3D 网格或 3DEC 块体、结构面的分组与命名进行说明。

(1)基于 Griddle 的建模流程

Griddle 是加载于 Rhino 平台的自动网格生成插件。每个 Griddle 命令都能够通过点击工具列的按钮执行,也可以通过在命令行键入_GInt,_GSurf 和 _GVol 指令执行。

在 Rhino 平台采用 Griddle 程序进行有限元与离散元建模的步骤如图 2.5.4 所示。

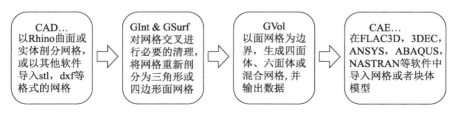

图 2.5.4　采用 Griddle 程序进行有限元与离散元建模步骤

① 采用 Rhino 自带的大量工具建立 NURBS 面和 BReps 边,进而应用网格工具对曲面或多重曲面(含实体)进行网格剖分。此外,也可以通过其他软件导入 stl,dxf 等格式的网格。

② 不同软件生成的网格一般都能够满足三维可视化(如渲染)的要求,但其网格的相交关系未必能满足建立数值分析模型的要求,因此,有时需要运用 GInt 命令对网格交叉单元进行必要的清理与调整。然后,应用 GSurf 命令将面网格重新剖分为三角形或四边形面网格。

③ 一旦得到了需要的面网格,即可作为体网格的边界,应用 GVol 命令生

成四面体、六面体或者(包括六面体、棱柱体、椎形体和四面体的)混合网格,并输出后缀为.f3grid,.3ddat,.cdb,.inp,.bdf 格式的有限元网格或离散元块体数据文件。

④ 最后,在 FLAC 3D,3DEC,ANSYS,ABAQUS,NASTRAN 等 CAE 软件中导入网格或者块体模型。

(2)Griddle 的基础操作

以下将分别对 Griddle 的 GInt,GSurf 和 GVol 命令进行介绍,其强大的功能还可以结合后续的工程应用加以理解。

1)GInt 命令

GInt 命令可将一些 Rhino 的面网格作为输入,查找并清理(调整)没有正确相交的边界,然后作为_GSurf 的输入。

GInt 命令有 3 个选项。

① Tolerance

Tolerance(公差)是一个绝对距离,用以确定网格面是否交叉,默认设置是"-1"。实际上指定任何负值,_GInt 都会以一个非常小的(接近于零的)默认值为公差去搜索交叉网格。

② Showintersection

这个功能主要用以查找采用 GInt 命令后仍然存在相交问题的网格,默认设置是"no"。如果选择"yes",则相交的面网格会高亮显示,但不会改变原来的网格。高亮显示存在相交问题的网格,通常需要运用 Rhino 网格编辑工具进行处理。

③ DeleteInput

其功能是删除原始的选定网格,默认设置是"yes",若选择"no",则原始网格将被保留。

需要注意的是,_GInt 不能处理平行和重叠的三角形网格,这些网格应该在执行 GInt 命令前,采用_MeshRepair 进行处理。此外,若面网格包含有四边形网格,则四边形网格以增加对角线的形式被转换成三角形网格。

2)GSurf 命令

GSurf 命令可将 Rhino 的面网格按照需要的尺寸和形式(包括三角形、局部四边形和全四边形)重新剖分为三角形或四边形面网格,然后作为_GVol 的输入。

经过_GInt 命令调整的网格是一个共形网格,其所有的面网格都是正确连接(共边且共结点)的,应用_GSurf 设定适当的参数可以重新生成面网格。

GSurf 命令有 5 个选项。

① Mode

Tri(默认设置):生成全三角形的面网格;

QuadDom:生成局部四边形(三角形与四边形混合)的面网格;

AllQuad:生成全四边形的面网格。

② MinEdgeLength 和 MaxEdgeLength

这两个参数分别控制生成网格的最小和最大边缘尺寸。为了得到均匀尺寸的网格,最小和最大的边缘尺寸可以设置为相同的值。当然,边缘尺寸的单位与模型是一致的。

③ RidgeAngle

脊角 RidgeAngle 代表共享一条边的网格面的起伏角(若面是平行的,则角为 0°;若面是垂直的,则角为 90°),脊线 ridgeLines 即为网格面的共享边缘线。网格生成过程中,若相连网格面的脊角大于指定脊角,则需要生成脊线,所以,指定 RidgeAngle 的度数能够控制生成网格中细节(脊线 ridgeLines 的数量)水平。在最后的网格中,较大的 RidgeAngle 会产生较少的脊线(更少的细节),较小的 RidgeAngle 会产生较多的脊线(更多的细节)。一般而言,RidgeAngle 应该保持在 45°以下,而默认值 20°通常可使网格大小和逼真度达到一个平衡。

④ MaxGradation

MaxGradation 是一个正值,默认值为"0.1",其作用是控制单元大小的变化梯度。接近于 0 的值会使网格大小更平滑地渐变,而更高的值会导致单元大小产生明显突变。

⑤ DeleteInput

DeleteInput 将删除原始的选定网格,默认值为"Yes"。若选择"No",则原始网格完全保留。

GSurf 命令除了应用上述 MinEdgeLength,MaxEdgeLenath 参数指定最小和最大边缘尺寸来进行网格尺寸的全局控制之外,还能够以"点""线""面"的形式实现局部网格尺寸的控制。

点:Griddle 允许在某个点上指定局部边缘网格的大小。使用 Point 命令创建一个与现有网格顶点相重合的点,并在该点 Properties 选项卡的名称栏输入一个值。然后,选中网格和控制点后执行_GSurf 命令,即可生成局部网格得到加密的面网格。

面:类似地,Griddle 也允许针对某个或某些面指定局部边缘网格的大小。在圆柱体顶面的 Properties 选项卡中的名称栏输入一个值,在执行_GSurf 命令时,该面的网格尺寸由名称栏的数值控制,而其他网格面因名称选项卡中未指定控制值,网格尺寸由全局的最小和最大尺寸参数控制。

线:Griddle 还允许以 HardEdges 的形式进行局部网格尺寸控制。为了在保持圆柱体柱面网格不变的前提下对面网格进行加密,并保证两个面网格的正确连接,可以采用 Rhino 的_PolyLine 命令沿交叉部位绘制一条折线(或者采用_Dup Border 命令复制网格轮廓线),隐藏圆柱体柱面后,选择圆柱体顶面和新建的折线作为 _GSurf 的输入,设置更小的 MaxEdgeLength 值或进行面网格尺寸控制后就能重新生成内部加密(边缘尺寸不变)的圆柱体顶面网格,而此时圆柱体柱面和底面网格仍然是共形的。

3) GVol 命令

GVol 命令以面网格为边界,生成高质量的四面体、六面体或混合网格,最后,输出不同格式的有限元网格或散体模型。

GVol 输入的网格可以是三角形、四边形或混合面网格,但所有面网格必须是共形的,并且整个面网格必须形成一个不透水(Watertight)的边界。输入的面网格,包括在内部"悬浮"的面网格,在最终的体网格中都会被生成"硬面"。在生成的体网格中,可以看到输入的面网格成为体网格的外部边界或者内部分界面。

GVol 能够根据输入的三角形、四边形或混合面网格生成全四面体的网格,其中的四边形可以沿着它们的对角线任意剖分成三角形,而只有四边形或以四边形为主的面网格才能生成局部为六面体的体网格。

GVol 命令有 2 个选项。

① Mode

Tet:生成一个四面体的单元网格,输入的任何四边形都会被转换为三角形。

ConHexDom:生成一个以六面体为主的网格,要求输入的面网格中必须包含四边形。

② OutputFormat

FLAC 3D 代表输出 FLAC 3D 可读的网格文件 GVol. f3grid;

3DEC 代表输出 3DEC 可读的块体文件 GVol. 3ddat;

ABAQUS 代表输出 ABAQUS 可读的网格文件 Gvol. inp;

ANSYS 代表输出 ANSYS 可读的网格文件 GVol. cdb;

NASTRAN 代表输出 NASTRAN 可读的网格文件 GVol. bdf。

需要注意的是,_GVol 要求输入的面网格有正确的连接。重复、重叠、交叉的三角形和四边形是不允许输入的。如果网格存在交叉（如自相交问题），则执行_GVol 命令生成体网格并输出网格文件时会提示遇到错误，导致问题产生的面网格将被置入 Rhino 中的 MESHING ERRORS 图层。

　　因此，建议在运行_GVol 命令生成体网格并输出模型之前，采用 Rhino 中的_MeshRepair 命令检查网格是否存在错误，也可以采用_GInt 命令并且选择 ShowIntersections 为"Yes"快速定位相交面，着重查看被高亮显示的交叉网格，有些网格可能需要采用 Rhino 网格编辑工具进行调整以消除不正确的网格相交问题。

　　此外，Griddle 执行_GInt，_GSurf 和_GVol 命令时，都会在工作目录下生成相应的日志文件。日志文件会记录各个命令的选项参数设置值与输入网格和结点的数量，以及输出网格的形式和数量、网格生成耗时等信息。其中，_GVol 命令的输出网格信息中，不仅包含整体网格和结点的总数，还包括 Hexahedra 六面体网格、Prisms 棱柱体网格、Pyramids 椎形体网格和 Tetrahedra 四面体网格各自的数量和所占百分比，有助于帮助用户了解输出模型的质量。

　　（3）导出模型的网格分组

　　Griddle 在生成 FLAC 3D 网格和 3DEC 块体模型时，具备针对单元和结构面进行分组与编号的能力，该功能为计算模型的材料分组和接触面的指定与赋值等提供了便利。

　　Griddle 在生成一个体网格时，需要一组封闭的边界面。内部可以存在"悬浮"的面，这些面是部分或完全脱离其他面网格的。由于可能存在"悬浮"的面，Griddle 在输出体网格的过程中不能立即辨识一组面是否围合成了一个不透水（watertight）的体，体单元不能立即被赋名，因此，不允许对体单元直接进行赋名，而只能予面单元以赋名。

　　Griddle 在对内部进行网格剖分后，会对每一个不透水的区域指定一个数字，以大号数字（如 001，002，003 和 004）表示，这些数字将被用于生成 FLAC 3D 区域的分组名称。为了区分区域组和其他组名，区域组被 Griddle 赋予前缀"ZG_"，后缀则是大号数字。例如，区域 1 的网格在导入 FLAC 3D 后的分组名称为 ZG_001。

　　Griddle 将输入的面网格作为输出体网格的结构面，并且会对结构面进行编号。Griddle 将结构面区分为外部边界面和内部面，且分别赋予"EF_"前缀和"IF_"前缀。外部边界面只有一侧具有单元，而内部面两侧都具有单元。外部面"EF_"的后缀名称与它们对应的单元分组编号相同，内部面"IF_"的后缀则为两个单元分组的数字组合（更大的数字总是排在后面），代表两个分组单元位于此结构面的两边。例如，IF_001_002 表示结构面是 1 区 ZG_001 单元组与 2 区 ZG_002 单元组的分界面。

同时，悬浮的结构面并不会把体积分成不同的区域，即该结构面的两边都是同一分组的单元。所以，"悬浮"面的 Facegroup 名称包含一个重复的数字，代表结构面所处的区域。譬如，IF_002_002 表示结构面悬浮于 2 区 ZG_002 单元组中。

Griddle 除了能自动对结构面进行分组命名外，还允许对结构面直接进行赋名。

（4）导出模型的结构面编号

① GNMExtract 命令

GNMExtract 命令在 Griddle 组件中用于抽离部分非流形网格（两个以上的网格面共用一条边缘线），从而有利于对抽离的网格面进行赋名。这个命令类似于 Rhino 中_ExtractConnectedMeshFaces 命令，两者之间的差别在于_GNMExtract 命令能够抽离非流形的网格。

GNMExtract 命令具有根据中断角度提取、判断是否在非流形边缘停止提取以及将提取网格高亮突出显示的作用。其具有两个功能选项：① 最大打断角度；②在非流形边界打断。第一个功能选项指定连接选取面与其他面之间的起伏角（以度数表示），类似于 GSurf 命令下的脊角 RidgeAngle 参数设置，其中，0°表示选取与当前面共面的面；而 90°表示选取与当前面交角小于或者等于 90°的面，即可以抽离垂直相交的面。随设置的允许起伏角的增大，GNMExtract 会抽离更多符合相交条件的面网格。第二个功能选项指定是否停止选择非流形面。在非流形边界不打断设置下，GNMExtract 会持续抽离非流形面。此外，GNMExtract 在遇到具有多个分支的非流形面边缘时，总是会选择与选取面交角最小的非流形面，以保证抽离的非流形面是相对更为平滑的。

② FLAC 3D 的结构面编号

采用 GNMExtract 抽离网格面的一个重要作用就是对结构面进行赋名。两物体的相交面被抽离后，在抽离网格面的 Properties 选项卡中的名称栏输入 Cross_surface 字符，再执行 GVol 命令生成 GVol. f3grid 文件并导入 FLAC 3D 后，可以看出在 Facegroup 属性中已将抽离面命名为"IF_Cross_surface"，其中的 IF 表示这是一个内部分界面。

在 Griddle 输出体网格的过程中，对抽离网格的直接赋名将优先于自动分配名称。若所有的网格面都被指定为相同的名称，则输出的 FLAC 3D 模型的 Facegroup 都会是这个名称。

2.5.5　储气库盐腔工程实例演示

在实际工程中,腔体并不规则,盐穴形态数据需要通过声呐技术探测获得,再将不同角度获得数据导入 CAD 形成不规则腔体,如图 2.5.5 所示,然后导入 Rhino 中。由于复杂腔体建模时间较长,因此本演示选用简单腔体建模,从而初步了解如何运用 Rhino 对储气库腔体以及围岩进行三维建模。

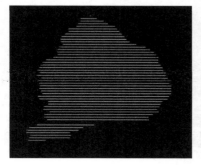

(a) 腔体侧视图　　　　　　　　　　(b) 腔体俯视图

图 2.5.5　不规则腔体视图

具体建模步骤如下。步骤 1:腔体建模。以 $(0,0,0)$,$(0,0,60)$ 为圆心绘制一个底面直径为 80 m 的圆柱;以圆柱上、下两个底面的圆心为球心绘制两个半径为 40 m 的球体;经过修剪合并形成简单椭圆腔体。

步骤 2:制作 400 m×390 m 六面体围岩结构。如图 2.5.6 至图 2.5.8 所示,选用"多重直线"工具绘制围岩顶面与底面曲线,其中顶面距离腔顶垂直距离为 150 m,底面距离腔底垂直距离为 160 m。选中顶、底面曲线后,选用"曲线工具"中的"放样"将多个曲线接缝为曲面,然后选用"实体工具"中的"将平面洞加盖"构成六面体围岩结构。

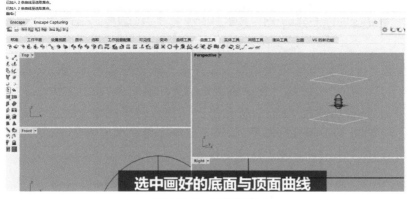

图 2.5.6　腔体轮廓

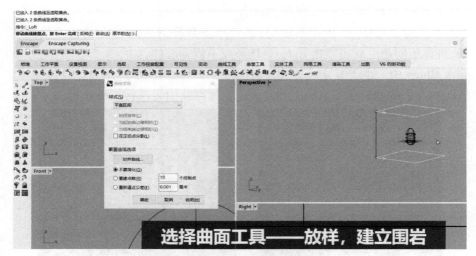

图 2.5.7　绘制围岩

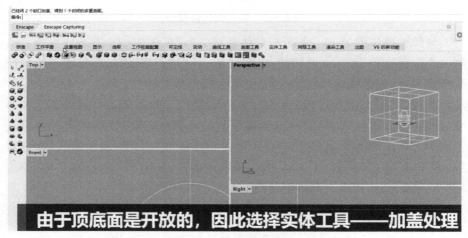

图 2.5.8　形成封闭界面

步骤 3：构建储气库夹层结构。如图 2.5.9 至图 2.5.11 所示，首先选用"实体工具"中的"线切割"，选中整个模型为切割对象，在上方命令条中选择"直线"后，选择切割起点线位，挑选第一切割方向贯穿整个模型。接着选择第二切割方向，即设置夹层厚度，此处夹层厚度可手动输入数字，从而建成夹层结构，若有多夹层则重复上述操作步骤。

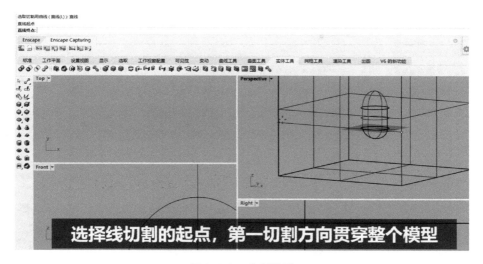

图 2.5.9　分割模型

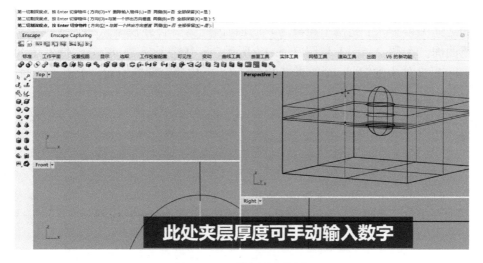

图 2.5.10　设置夹层厚度

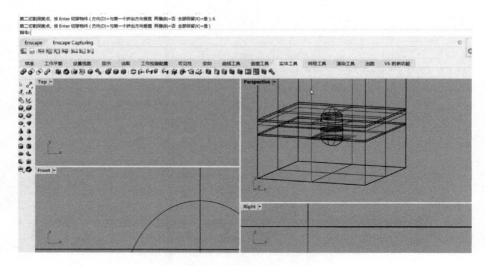

图 2.5.11　夹层嵌入模型

步骤4:合并模型建立多重曲面。由于经过以上步骤所建立的模型面与面之间关系实际上是两个距离为 0 的面,因此需要合并模型从而形成一个多重曲面。如图 2.5.12 与图 2.5.13 所示,选中整个模型,单击软件右上角 Griddle 插件中的"Join non-manifold surfaces",构建全部模型为一个多重曲面。

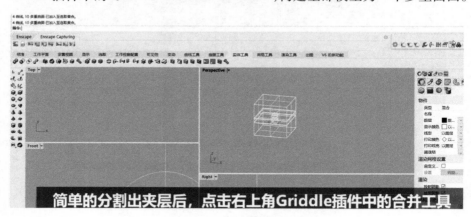

图 2.5.12　重新组合模型

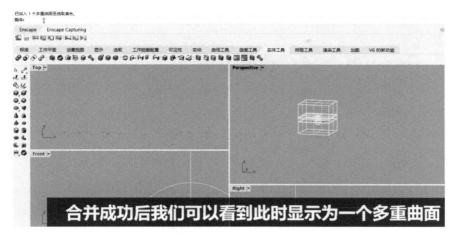

图 2.5.13　新的封闭模型

　　步骤 5：建立网格。如图 2.5.14 至图 2.5.17 所示，首先选中整个多重曲面，单击"网格工具"中的"建立多重网格"选项，此时弹出网格选项对话框，可根据计算需要选择网格面数量，单机"确定"即可初步建立简单网格。然后选中模型与网格，单击软件右上角 Griddle 插件中的"GSurf"，按回车键，待命令行中显示"100%"时，即建立面网格。继续选中模型与网格，单击 Griddle 插件中的"GVol"，在命令行中选择输出文件为"FLAC 3D"之后按下回车键，随即弹出"另存为"窗口，选择文件保存位置，单击"确定"，待命令行中显示"100%"时，即表示成功建立 f3grid 文件，可由 FLAC 3D 6.0 打开进行下一步数值模拟计算。

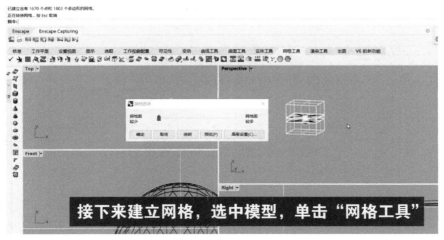

图 2.5.14　划分面网格

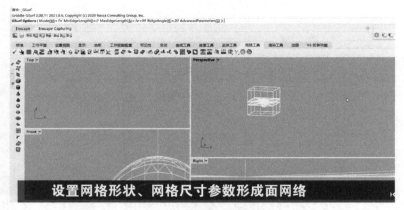

图 2.5.15　形成面网格

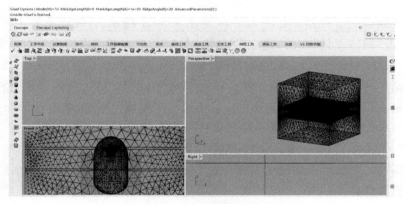

图 2.5.16　形成体网格

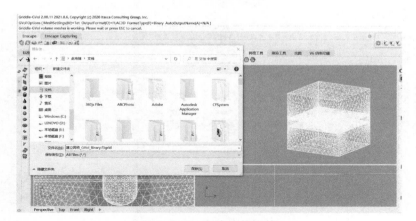

图 2.5.17　保存网格文件

2.6　数据处理

2.6.1　Tecplot 360 EX 介绍

Tecplot 360 是一套计算流体力学（Computational Fluid Dynamics，CFD）和数值模拟与可视化的软件工具。Tecplot 360 把关键的工程绘图与先进的数据可视化功能完美的在一套工具之内结合起来。利用 Tecplot 360 可分析、探索复杂的数据集，生成多个 XY 图、2D 图和 3D 图，建立动画并用出色的、高品质的方式展现研发的成果。

不同于其他同性质的产品，Tecplot 360 具有完善的 XY 图、2D 图和 3D 图绘制能力，以及多框架的工作区和高品质的图形输出能力，用户运用其各项绘图功能，可以获得任何想要绘制的图形。

Tecplot 的主要功能为绘制 XY 图、Polar 图、散点图、2D 图、3D 图、流线图、等值图、切片图、地形图、粒子图和动画等。

（1）Tecplot 360 数据输入与输出

FLAC 3D 自身不能绘制等值线，而用 Origin（一款科学绘图、数据分析软件，以列为对象，每一列具有相应的属性）绘制曲线则必须提取大量的计算数据。现在通过 Dynamax 编写的 Flac3d2Tecplot 接口程序，可以将 FLAC 3D 计算结果导入 Tecplot 绘制等值线，这个过程中不需要设监测点提取数据。

按照 Flac3d2Tecplot 接口程序的说明，用 FLAC 3D 读入程序后，会自动生成一个 DAT 文件，使用 Tecplot 360 打开这个文件即可把 FLAC 3D 计算数据导入 Tecplot 360。数据输入步骤为 File→Load Date File(s)$\xrightarrow{\text{选择文件}}$OK（默认选项），导入后效果如图 2.6.1 所示。

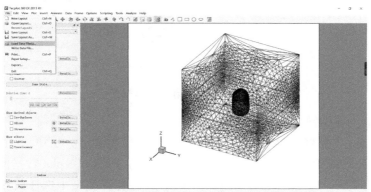

图 2.6.1　将 FLAC 3D 计算结果导入 Tecplot 360

　　数据输出的步骤为 File→Export→选择"Export format"→OK,如图 2.6.2 所示。

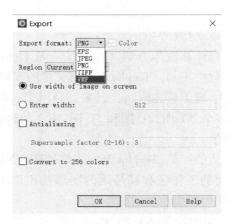

图 2.6.2　Tecplot 360 结果输出

（2）创建和保存（Frame & Style）

　　Tecplot 中显示的每一个图形都在一个图形框架中,而这些图形框架保存下来后,可以进行复制再修改,更方便显示其不同的视图。

　　创建图形框架的步骤为单击"Frame"选择"Creat New Frame",按住鼠标左键,拖动鼠标建立新的 Frame,最后单击"Save Frame Style"保存建好的图形框架,如图 2.6.3 所示。

图 2.6.3　创建新的图形框架

（3）创建图案文件（Layouts）

　　Tecplot 绘制好图形后,一般会通过图片的形式输出。此外,为了方便数据的传递,可以把绘制好图形的 Tecplot 数据保存下来。Tecplot 数据保存的步骤为单击 File→Save Layout,如图 2.6.4 所示,在保存类型中选择两种文件格式中的一种,最后单击"OK（默认选项）"。

两种文件保存格式：第一种是 lay，不包含数据文件，只包含操作文件，需要和源数据放在同一个文件夹；第二种是 Ipk，本身包含数据文件，不需要源文件，如图 2.6.5 所示。

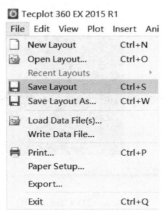

图 2.6.4　Tecplot 数据保存

图 2.6.5　两种文件保存格式

2.6.2　Tecplot 360 绘制二维坐标图

在如图 2.6.6 所示 Plot 界面左侧单击选择"2D Cartesian"。

在界面左侧的 Show zone layers 中，只勾选 Contour 项（Mesh 项根据具体要求显示）。单击"Contour"右侧的 Details 按钮，弹出"Contour & Multi-Coloring Details"对话框，再单击对话框右上角下拉菜单按钮，下拉列表中提供了可绘制等值线的数据种类，包括 3 个方向的位移、总位移、3 个主应力、3 个标志等。例如，可选择总位移 DISP(m)，在 Levels 框里会显示一些数值，软件将自动依据这些数值绘制等值线。用户可以自己修改这些数值，单击下侧的"Remove Selected Levels"删除选中的数值，然后可通过"Add Single Level"添加自己需要的数值。用户还可以通过 Labels 选项卡添加数字以显示等值线值，Legend 选项卡可以添加标签等。这些功能与 Origin 类似。

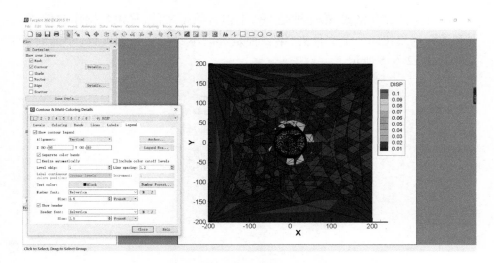

图 2.6.6　2D Contour 图

在界面左侧的"Show zone layers"中,只勾选 Contour 和 Edge 两项,单击"Zone Style"按钮,弹出"Zone Style"对话框,在 Contour 选项卡中,选择 Contour Type 为"Lines",选择 Line Color 为"Multi 1",最后单击"Close"按钮关闭对话框,如图 2.6.7 所示。

单击 Contour 右侧的"Details"按钮,弹出"Contour & Multi-Coloring Details"对话框,选择 Label 选项卡,选择"Contour Value",如图 2.6.7b 所示。

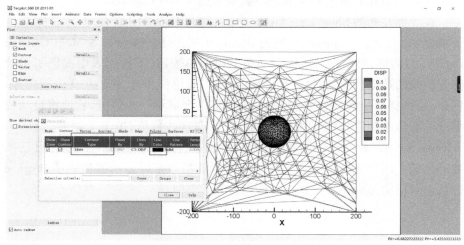

(a)

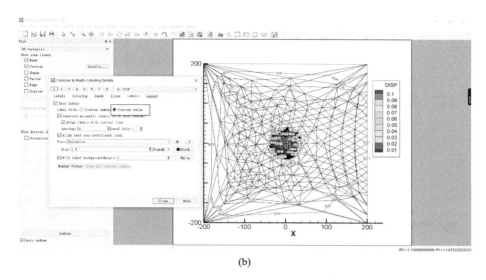

(b)

图 2.6.7　2D Contour Line 图

在界面左侧的"Show zone layers"中,只勾选"Shade""Edge"和"Scatter"3 项,单击"Zone Style"按钮,弹出"Zone Style"对话框,在 Scatter 选项卡中,选择 Symbol Shape 为"Circle",选择 Scatter Size 为"By Vatiable",选择 Outline Color 为"Multi 1",选择 Fill Mode 为"Line Color",最后单击"Close"按钮关闭对话框,如图 2.6.8 所示。

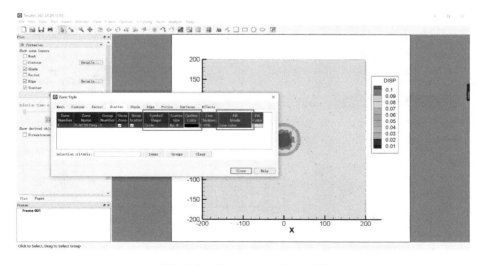

图 2.6.8　2D Contour Scatter 图

　　在界面左侧的"Show zone layers"中,只勾选"Vector""Edge"和"Scatter"3 项,单击"Zone Style"按钮,弹出"Zone Style"对话框,在 Vector 选项卡中,选择 Line Color 为"Multi 1";在 Points 选项卡中,选择 Index Skip 为"矢量箭头疏密度",可按要求调整,最后单击"Close"按钮关闭对话框,如图 2.6.9 所示。矢量箭头疏密度调整方案如图 2.6.10 所示。

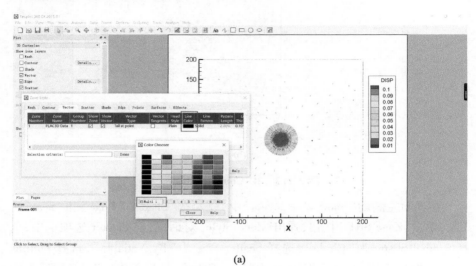

(a)

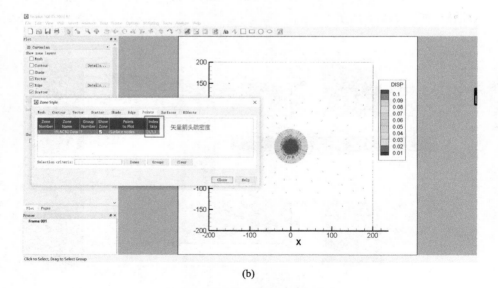

(b)

图 2.6.9　2D Contour Vector 图

图 2.6.10　矢量箭头疏密度调整方案

2.6.3　Tecplot 360 绘制三维坐标图

首先在主界面左侧 Plot 窗口单击 3D Cartesian,然后单击菜单中的 Data→Extract→Current Slices,设置想要绘制等值线的平面,再随机选择一个平面,然后实现输出,如图 2.6.11 所示。

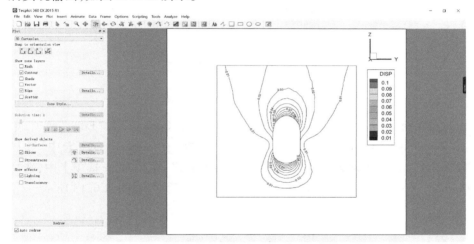

图 2.6.11　3D Cotour 图

通过单击 View→Rotate 弹出"3D Rotate"对话框,选择输出数据的所在平面,如图 2.6.12 所示。若选择的平面垂直于某坐标轴,则可以单击对话框下面的"Preset angles"快捷地选择平面;如选择的平面不垂直于任何坐标轴,则需要手动输入平面位置信息。

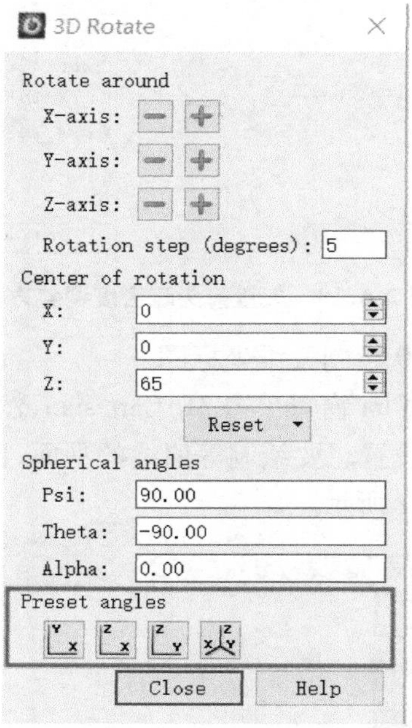

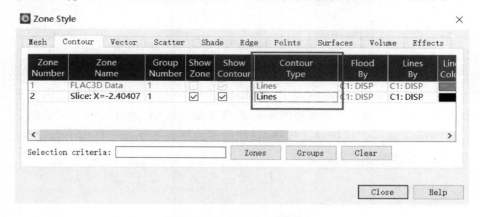

图 2.6.12   3D Rotate 对话框

在界面左侧的"Show zone layers"中,只勾选"Contour"和"Edge"两项,单击"Zone Style"按钮,弹出"Zone Style"对话框,在 Surface 选项卡中,选择"Flac3D Data",Show Zone 属性选择为"Deactivate";在 Contour 选项卡中,选择 Contour Type 为"Lines",最后单击"Close"关闭对话框,如图 2.6.13 所示。

图 2.6.13   Contour 选项卡

单击 Contour 右侧的"Details"按钮,弹出"Contour & Multi-Coloring Details"对话框,单击对话框右上角的下拉列表按钮,如图 2.6.14a 所示。选择

Level 选项卡,下拉菜单中提供了可绘制等值线的数据种类,包括 3 个方向的位移、总位移、3 个主应力、3 个标志等。例如,可选择总位移 DISP(m),在 Levels 框里显示一些数值,软件会自动依据这些数值绘制等值线。用户可以自己修改这些数值,单击界面上的"Remove Selected Levels"可删除选中数值,然后通过"Add Single Level"添加自己需要的数值,如图 2.6.14b 所示。用户还可以通过 Labels 选项卡添加数字以显示等值线数值,Legend 选项卡可以添加标签等。这些功能与 Origin 类似。

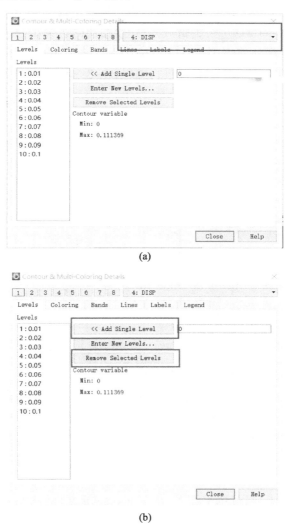

图 2.6.14　Contour & Multi-Coloring Details 对话框

通过上面的一系列操作,便可以得到如图 2.6.6 所示的等值线图。按住鼠标滚轮上下拖动可以放大或缩小图片,选择上侧工具栏的十字形工具可以移动图片。绘制好的等值线可以通过 File→Export 输出为图片格式并插入到 Word 中。用户同样可以利用界面上的一系列功能按钮进一步修改图片,但是相比 Origin,操作要略繁琐一些。

2.6.4　Tecplot 360 导入 AutoCAD

Tecplot 360 中没有提供中文字体,不能在图片中加入中文信息,其他的操作也没有 Origin 方便。Tecplot 360 可以将图片输出为 WMF 格式,这种格式的图片可以导入 AutoCAD 进行编辑,这无疑给图片的进一步处理提供了无限的可能。这里仅介绍如何将 Tecplot 360 输出文件导入 AutoCAD。

为了方便图片在 AutoCAD 中进行编辑,在 Tecplot 输出图片为 WMF 格式前,要关闭图片的背景和边框。单击 Tecplot 360 主界面上方任务栏的"Frame",选择"Edit Active Frame",弹出"Edit Active Frame"对话框,如图 2.6.15 所示,取消勾选 Show border 和 Show background 即可。

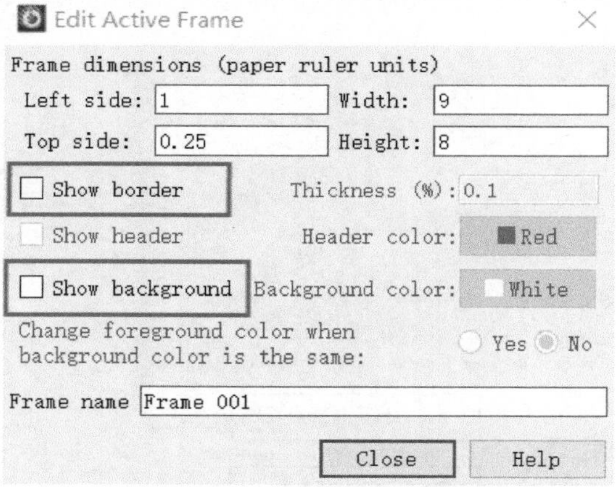

图 2.6.15　Edit Active Frame 对话框

单击主界面左侧 Plot 窗口中 Contour 选项右侧的"Details"按钮,弹出"Contour & Multi-Coloring Details"对话框,取消显示 Labels 和 Legend,只留下等值线,通过 File→Export 把图片输出为 WMF 格式。需要注意的是,输出时一定要保证 Tecplot 中的图片全部显示在屏幕中,因为输出内容仅限于屏幕显示的范围。

打开 AutoCAD,通过单击插入→Windows 图元文件,选择刚刚输出的文件插入即可。插入的图片是一个块,通过"炸开"功能就能进行各种编辑了,用户可以自由发挥。其实 Origin 也可以输出 WMF 格式的图片并导入 AutoCAD

进行编辑,但是笔者的实践结果表明,这样做没有直接在 Origin 中修改来得高效便捷。

2.7　FLAC 3D 学习建议

　　任何一种数值方法都有其优点、局限性和适用范围,选择合适的数值方法才能更好地解决实际工程问题。利用 FLAC 3D 分析问题应该从最简单的材料模型选择开始,大多数情况下,应该先使用各向同性弹性模型,这个模型运行得最快,只需要两个材料参数(即体积模量和剪切模量),即可通过 FLAC 3D 计算得到应力、应变,以便对网格单元体大小或疏密进行优化。这对于在解决真实问题之前进行网格测试也是非常有帮助的。

　　FLAC 3D 的命令很多,对于初学者来讲,要记住全部的命令及语句格式是一件非常困难的事情,建议初学者养成查阅"帮助手册"的习惯,FLAC 3D 的帮助手册名称为"FLAC 3D Help",它是该软件最权威的使用说明书,应充分利用。

　　FLAC 3D 软件功能强大,在实际运用软件的过程中,往往会遇到一些新问题,这些问题在帮助手册或有关图书中也未必能找到答案,这时候就应该多做一些相关的算例,开展数值试算,充分了解软件的功能,以帮助我们解决问题。

　　同时,想要熟练运用 FLAC 3D 者,还要增强专业知识、数学和力学知识功底,夯实知识基础。此外,要多与他人交流,分享学习经验,善于收集互联网资源,可以通过在一些数值模拟论坛上的互动交流讨论,充分利用开放资源进行视频学习,不断提高软件应用水平。

第 3 章 ZH 储气库工程

3.1 工程地区概况

ZH 储气库位于苏鲁豫皖四省交会处,国道、省道纵横交错,区内县道、乡道交错遍布,交通运输条件良好。

该地区地面平坦开阔,地面海拔 36~42 m,浅部土质主要为砂质黏土、黏土质粉砂,表层为耕植土,潜水位一般为 3~4 m,地表主要为麦田和种植林地,地面无重要建筑、旅游景点及名胜古迹,以麦田、林场为主,有村庄零星分布。区内经济以农业为主,农副产品较为丰富,工业不发达,人口稠密,劳动力资源充沛,气候属大陆性季风气候,四季分明,为储气库建设提供了良好的社会环境条件。

ZH 储气库设计运行压力 10~25 MPa,地下工程主要包括钻井、造腔、注采完井及注气排卤等。

3.2 建库地质条件

3.2.1 勘探历程

2005 年,山东省地质科学研究院在找煤工作中发现了黄岗潜凹陷中的盐岩床,之后便开展了多期针对盐矿的勘查工作,发现超大型盐矿产地一处,称为黄岗盐田。

2009 年 3 月至 2017 年 3 月,黄岗-杨楼地区部署二维地震测线共计 15 条,测线总长 90.31 km;部署钻孔 2 口(YZK1 和 YZK2),累计钻进深度 2787.9 m,累计取芯钻进深度 1127.9 m。

2016 年 12 月至 2017 年 12 月,黄岗-杨楼地区部署二维地震测线共计 4 条,测线总长 54.08 km;部署钻孔 2 口(ZK01 和 ZK02),累计钻进深度 3413.1 m,累计取芯钻进深度 2023.4 m。

2019 年 8 月至 2019 年 12 月,黄岗-杨楼地区部署钻孔 ZK04,累计钻进深度 2005.9 m,累计取芯钻进深度 1225.4 m。

2020 年 1 月至 2020 年 6 月,相关企业在黄岗-杨楼地区部署三维地震测线 6 km²,进一步查明了黄岗盐田南部的地层构造特征和断裂分布特征,为盐穴储气库地质评价提供了基础。

3.2.2　地质构造

（1）区域地质构造

黄岗盐田区域上位于华北板块（Ⅰ）—鲁西隆起区（Ⅱ）—鲁西南潜隆起（Ⅲ）—菏泽兖州潜断隆（Ⅳ）—黄岗潜凹陷（Ⅴ）内,以龙王庙断裂为界与龙王庙潜凸相邻。

黄岗潜凹陷（Ⅴ）属于断陷盆地,位于菏泽—兖州潜断隆的西南边缘,古生代,这里广泛发育了石炭、二叠系含煤地层。二叠纪末,受华力西期构造运动影响,地壳隆升,遭受剥蚀,使石炭、二叠系地层受到不同程度的破坏。中生代,燕山早期断裂活动频繁,鲁西南菏泽—兖州断坳一带隐伏的东西向断裂与南北向断裂交切形成初步的断块局面。古近纪开始,本区以凹陷为主,官庄群及新近纪黄骅群相继沉积,构造活动继承了燕山期构造活动的特点,发育了一系列斜列式断块盆地。黄岗盐田地区构造断裂分布图如图 3.2.1 所示。

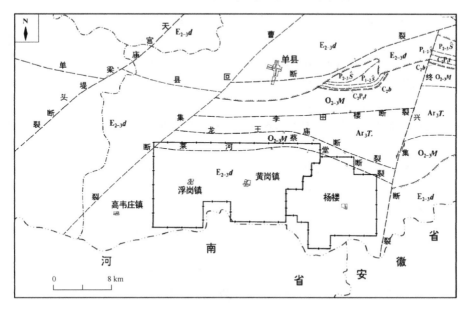

图 3.2.1　黄岗盐田地区构造断裂分布图

2016 年,山东省地质科学研究院对黄岗潜凹南部实施了二维地震勘探,完成地震测线 4 条,测量点 1618 个,进一步明确了该地区构造和断裂分布情况。

该地区地层整体为平缓盐顶,底界面基本平行,其赋存形态基本相似,北部受莱河—蔡堂断层控制,断层以南发育系列小断层。断层走向为北西向和北东向,倾向南西向,地层倾角为 3°~10°,地层整体以单斜形态为主。盐岩层中部较陡,倾角 7°~10°,东、西两翼相对较缓。断层主要分布于该地区北部和西部地区。褶皱、断层总体不甚发育,物探资料显示,发育规模较大的褶曲有 4 个,自西向东依次为孟杨庄背斜、后黄庄向斜、齐庄背斜和胡楼向斜;有发育断层 5 条,分别为莱河—蔡堂断裂及 F1,F2,F3,F4 断层。

二维地震勘探表明,盐岩层顶界面赋存深度为 625~1375 m,地层深度整体沿西南方向不断加大,最深部在勘查区南部。盐岩层底界面赋存深度为 925~1800 m,最深部在勘查区南部,埋深 1800 m。

本地区含盐岩地层厚度以莱河—蔡堂断层为界,由北向南地层厚度有变大趋势,变化范围为 100~550 m。断层主要分布于该地区北部和西部地区,东南部地区无断层分布,因此黄岗盐田的东南部地区可以作为盐穴储气库的主要评价区域,该地区由钻孔 ZK01 和 ZK04 控制。

(2)建库区构造特征

2020 年,相关企业围绕 ZK04 井和 ZK01 井地区完成 6 km² 三维地震勘探,解释表明沉积中心发育 FD1,FD2,FD3 3 条断层。断层走向为北东向,倾向为北西向,均为正断层,断层倾角为 50°~60°,FD1 断层切割含盐地层顶底界面。

三维地震勘探查明了区内第四系和新近系(Q+N)底界面构造形态,以及含岩盐矿层的顶、底赋存形态与范围、构造特征图,对含岩盐矿层的厚度变化趋势进行了解释,绘制了相应的厚度变化趋势图,结合地震属性参数对 1 号厚盐层的分布范围进行了预测分析。

含盐地层顶界面构造较为平缓,走向北东向,倾向北西向,单斜构造。地层倾角在 0.5°~2°,埋深 1060~1200 m,主要发育 FD1 断层和 FD2 断层。

含盐地层底界面构造与顶界面类似,但地层倾角有所增大,在 2°~4°,盐层埋藏深度 1650~1890 m,发育 FD1 断层、FD2 断层和 FD3 断层。

三维地震勘探断层解释剖面如图 3.2.2 所示,断层特征如下:

FD1 断层走向为北东向,贯穿全区,为正断层,断层倾角为 50°~60°,切割第四系和新近系底界面、含盐地层顶底界面,上部落差较小,下部落差较大,最大落差可达 140 m。

FD2 断层走向为北东向,贯穿全区,为正断层,断层倾角为 50°~60°,切割含盐地层顶底界面,上、下部落差差距不大,最大落差可达 55 m。

FD3 断层走向为近南北向,发育在勘探区东部边缘,为正断层,断层倾角为 50°~70°,切割 1 号厚盐层和含盐地层底界面,落差大于 50 m。

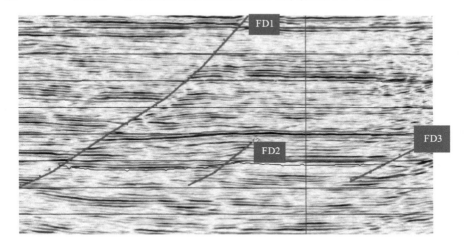

图 3.2.2　三维地震勘探断层解释剖面图

1)含盐层顶界面

含盐层顶界面总体赋存较平缓,为北西走向且两翼倾角非常平缓的向斜构造,倾角一般在 0.5°~2°。含盐层顶界面深度主要在 1060~1200 m,最浅部位于勘探区东北部,深度为 1060 m;最深部位于勘探区中部 FD1 断层西北侧,深度为 1200 m。

含盐层顶界面主要发育 FD1 断层和 FD2 断层。其中,FD1 断层位于勘探区中部 FD1 断层断点时间剖面见图 3.2.3。

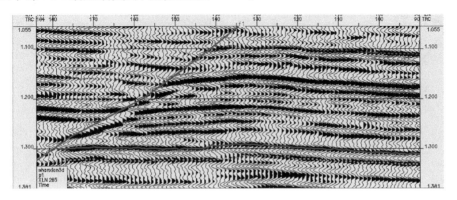

图 3.2.3　含盐地层顶界面 FD1 断层断点时间剖面图

其走向为北东向,倾向为北西向,断层倾角为 50°～60°,断层落差在 65～95 m;FD2 断层位于勘探区东部边缘,走向为北东向、倾向为北西向,断层倾角为 50°～60°,断层落差在 0～25 m。

2）含盐层底界面

含盐层底界面总体赋存较平缓,呈向斜构造,向斜轴部位于勘探区中部偏北,FD2 断层北面,走向为北西向,两翼倾角非常平缓。倾角一般在 0.4°～2.1°。含盐层底界面深度主要在 1660～1890 m,最浅部位于勘探区东北部,深度 1160 m;最深部位于勘探区中部偏北,深度为 1890 m。

含盐层底界面主要发育 FD1 断层、FD2 断层和 FD3 断层,构造图如图 3.2.4 所示,断层断点时间剖面图如图 3.2.5 所示。其中,FD1 断层位于勘探区北部,为正断层,走向为北东向,倾向为南西向,断层落差在 40～140 m;FD2 断层位于勘探区中部偏南,为正断层,走向为北东向,倾向为南西向,断层落差在 40～80 m;FD3 断层位于勘探区南部,为正断层,走向为北东向,倾向为南西向,断层落差大于 50 m。

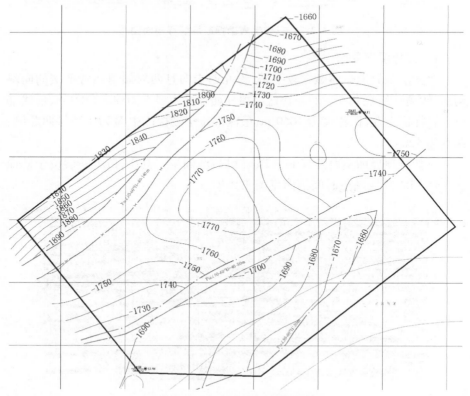

图 3.2.4　含盐地层底界面构造图

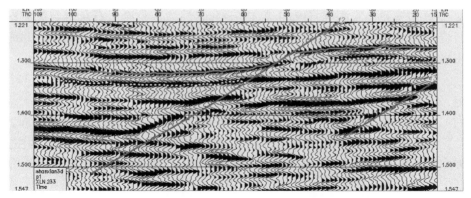

图 3.2.5　含盐地层底界面 FD1、FD2、FD3 断层断点时间剖面图

3）含盐地层厚度

含盐地层厚度变化范围为 360～660 m，最厚处位于勘探区东北部 ZK01 钻孔和 ZK04 钻孔附近，厚度为 640 m 左右；最薄处位于勘探区中部偏西，厚度为 490 m 左右。含盐地层总体厚度较稳定，变化不大。

1 号厚盐层厚度变化范围为 38～66 m。最厚处位于勘探区东北部，厚度为 66 m 左右；最薄处位于勘探区西部偏北，厚度为 38 m 左右。盐层总体厚度较稳定，变化不大。

3.2.3　地层

（1）区域地层

本区属鲁西南黄泛冲积平原，为第四系深覆盖区。下伏地层由老到新依次发育有新太古代泰山岩群、奥陶纪马家沟群、石炭—二叠纪月门沟群、二叠纪石盒子群、古近纪官庄群、新近纪黄骅群。

1）本区上覆地层为第四系地层，自下而上为平原组、黑土湖组和黄河组。

平原组：主要为冲积相的浅黄、灰黄色粉砂质黏土、黏土质粉砂及粉、细砂层，含较多的钙质结核，厚 150～220 m。

黑土湖组：主要为黑色淤泥、淤泥质粉砂及灰绿色砂质黏土，含有机质，产腹足类化石，厚 1.5～20 m。与其上、下层位呈整合接触。

黄河组：为近代黄河冲积形成的黄灰色粉砂质黏土、浅黄色粉砂、细砂、黏土质粉砂和棕色黏土的韵律堆积体，其上部是耕植土，厚 20 m 左右。

2）下伏地层。

① 新太古界泰山岩群：区内仅见泰山岩群山草峪组，分布于单县龙王庙及终兴集以东，其岩性为黑云变粒岩夹含磁铁石英岩和磁铁矿层，厚度大于 650 m。

② 奥陶系马家沟群：分布于单县东部，岩性为灰色厚层石灰岩与泥质白云岩、角砾状白云岩互层，以厚层石灰岩为主，自下而上分为东黄山组、北庵庄组、土峪组、五阳山组、阁庄组、八陡组 6 个组，总厚度约 800 m。

③ 石炭—二叠系月门沟群：分布于单县东部、北部，自下而上分为 3 个组，分别为本溪组、太原组和山西组。

本溪组：岩性为青灰、紫红色铁铝质黏土岩、细砂岩和泥岩，厚 10~20 m。

太原组：该组为海陆交互相沉积，岩性以灰、灰黑色粉砂岩和泥岩为主，夹多层石灰岩和煤层，顶、底均以石灰岩为界与上覆山西组及下伏本溪组分开。本组为区内重要的含煤层位，厚 170 m 左右。

山西组：该组是以陆相为主的沉积，岩性由灰至深灰色砂泥岩夹煤层构成。

④ 二叠系石盒子群：其分布基本与月门沟群一致，自下而上可分为黑山组、万山组、奎山组、孝妇河组。岩性由黄绿、灰绿、灰白色砂岩和杂色页岩构成，局部下部可含薄煤层或煤线。石盒子群地层常被剥蚀而保存不完全，厚 700 m 左右。

⑤ 古近系官庄群：区内主要发育大汶口组（E2-3d），该组主要为浅湖、咸湖沉积，岩石色调杂、粒度细，自下而上分为三段。下段为紫红色或绛紫色粉砂岩、粉砂质泥岩夹少量细砂岩，偶见泥灰岩薄层及钙质结核，底部为砖红至暗紫红色铁钙质胶结的含砾中粗砂岩，砾石成分以火山岩为主；中段为灰色、深灰色夹少量灰紫色泥岩、白云质泥岩、含沥青质钙质泥岩与灰白色、浅灰色膏质泥岩不等厚互层，夹岩盐，含少量钙芒硝岩及粉砂岩、细砂岩，该段为盐岩赋存层位；上段为绿灰色、棕灰色细砂岩，少量含砾砂岩与褐灰、棕灰色粉砂岩、泥岩不等厚互层，夹少量薄层泥灰岩。该组与下伏地层呈不整合接触，厚度超过 1000 m。

⑥ 新近系黄骅群：其岩性为紫红、灰绿色为主的泥岩夹粉、细砂，近底部普遍存在含砾砂层或砂砾层，局部含石膏晶体或条带。该组不整合于古近系之上，厚度一般在 300~600 m。

（2）盐层横向展布特征

YZK1 井、YZK2 井、ZK01 井和 ZK04 井的钻井资料显示，YZK1 井盐顶深度 1079 m，盐底深度 1194 m，含盐地层厚度 115 m；YZK2 井盐顶深度 1124 m，盐底深度 1342 m，含盐地层厚度 218 m；ZK01 钻井顶、底深度分别为 1232.1 m 和 1724.4 m，含盐地层厚度 492.3 m；ZK04 钻井盐顶深度为 1227.5 m，盐底深度为 1702 m，含盐地层厚度 474.5 m。各井盐层构造深度和盐层厚度变化情况表明,盐层分布由盆地边缘向盆地中心埋深不断加大,盐层厚度逐渐变厚。

可以看出,ZK01 井和 ZK04 井位于黄岗凹陷的沉积中心,盐层沉积厚度较大,YZK2 井位于东部的杨楼镇,属于沉积盆地边缘,盐层埋深较浅,厚度较小。

（3）盐层垂向分布特征

本区盐岩自上而下划分为 30 个盐群,编号为 Y1T～Y30T。NaCl 平均品位 44.11%～96.08%,平均厚度 2.68～24.64 m。统计 ZK01 井和 ZK04 井盐层数量和厚度,分析 ZK01 井和 ZK04 井各盐矿层的盐岩纵向特点,可以看出,各盐群盐层的厚度不等。整体而言,下部地层盐岩相对发育良好,盐岩层较厚。ZK04 井盐岩层厚度大于 ZK01 井。

ZK01 井各盐群盐层数量在 1～8 层,以 1～2 层居多,盐层厚度 0.50～46.05 m,平均厚度 8.53 m,见图 3.2.6。其中,1 盐群、17 盐群盐层数较多,17盐群、19 盐群和 27 盐群盐层厚度较大,分别为 46.05 m,38.00 m 和 24.10 m。

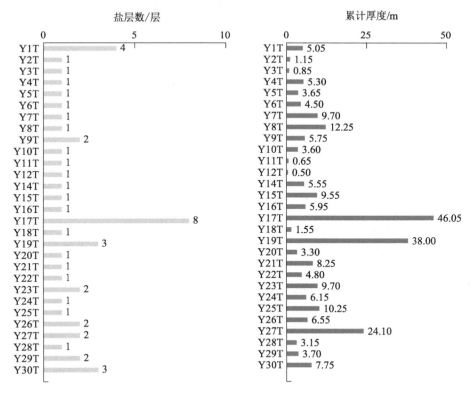

图 3.2.6　ZK01 井各盐群盐岩层数量和厚度垂向分布

ZK04 井各盐群盐层数量在 1~5 层,以 1~2 层居多,盐岩层厚度 0.80~51.55 m,平均厚度 10.45 m,见图 3.2.7。其中,11,19,26 和 30 盐群盐层数量多,17 盐群、19 盐群和 27 盐群盐层厚度较大,分别为 51.55 m,35.60 m 和 28.05 m。

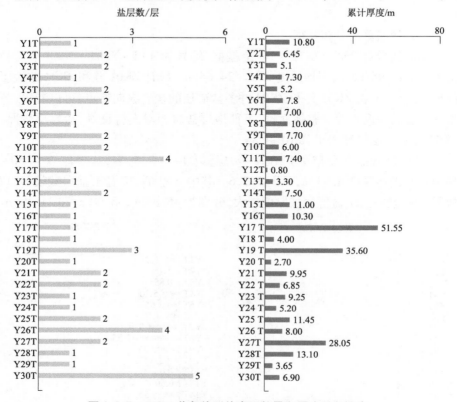

图 3.2.7　ZK04 井各盐群盐岩层数量和厚度垂向分布

（4）夹层分布特征

含盐地层中的不溶物夹层主要为泥岩、石膏质泥岩和砂质泥岩,厚度 2.20~22.14 m。统计 ZK01 井和 ZK04 井夹层数量和厚度发现,下部地层中夹层数量较少,厚度较小;ZK01 井夹层厚度大于 ZK04 井。

ZK01 井各盐群夹层数量为 1~7 层,一般为 1~2 层,夹层厚度 2.30~17.45 m,平均厚度 8.15 m。5 盐群、9 盐群、26 盐群夹层数量在 4 个以上,1~5 盐群、9 盐群和 26 盐群夹层厚度较大,见图 3.2.8,水溶造腔应避开上述层段。ZK04 井各盐群夹层数量为 1~6 层,一般 1~2 层,夹层厚度 1.45~14.05 m,平均厚度 5.5 m。2~5 盐群、9 盐群和 26 盐群夹层厚度较大,见图 3.2.9,水溶造腔应避开上述层段。

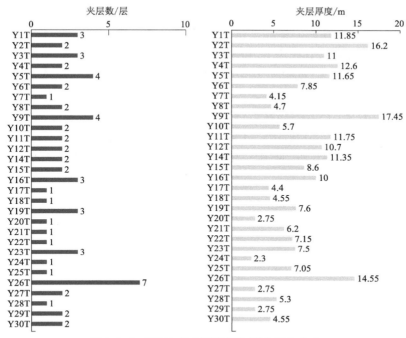

图 3.2.8　ZK01 井夹层数量和厚度垂向分布

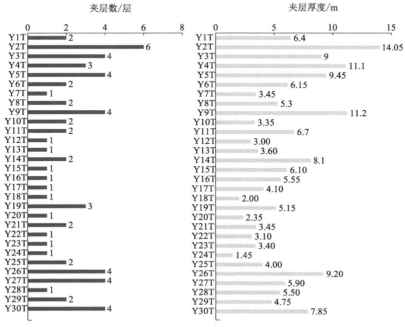

图 3.2.9　ZK04 井夹层数量和厚度垂向分布

（5）组分分析

ZK01 井 250 块岩心样品溶蚀试验数据显示，岩石矿物主要离子成分为 Na^+, Cl^-, Ca^{2+}, SO_4^{2-}，其次为 K^+ 和 Mg^{2+}，它们组成的化合物主要为 NaCl，其次为 $CaSO_4$, Na_2SO_4 等，见图 3.2.10a。其中，NaCl 含量 31.20%~97.43%，平均含量 74.81%。

ZK04 井 361 块岩心样品溶蚀试验数据显示，岩石矿物主要离子成分为 Na^+, Cl^-, Mg^{2+}, SO_4^{2-}，其次为 K^+, Ca^{2+}，它们组成的化合物主要为 NaCl，其次为 $CaSO_4$, $MgSO_4$, K_2SO_4 等，见图 3.2.10b。其中，NaCl 含量 4.75%~99.51%，平均含量 65.25%。

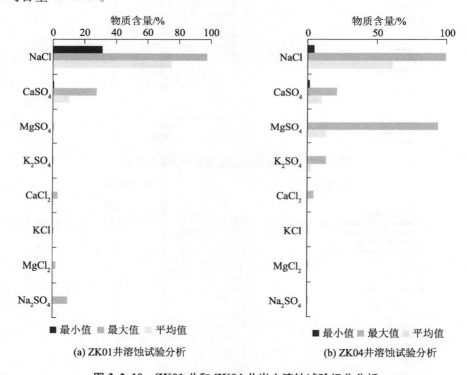

(a) ZK01井溶蚀试验分析　　　　(b) ZK04井溶蚀试验分析

图 3.2.10　ZK01 井和 ZK04 井岩心溶蚀试验组分分析

ZK01 井 250 块岩心样品取样深度从 1231~1715 m，覆盖了 Y1~Y30 全部矿层，分析结果显示各样品的水不溶物含量介于 0.01%~85% 之间，平均值为 34.2%，如图 3.2.11 所示。

ZK04 井 361 块岩心样品取样深度从 1226~1704 m，覆盖了 Y1~Y30 全部矿层，分析结果显示，各样品的水不溶物含量介于 0.34%~84% 之间，平均值为 32.6%，如图 3.2.12 所示。

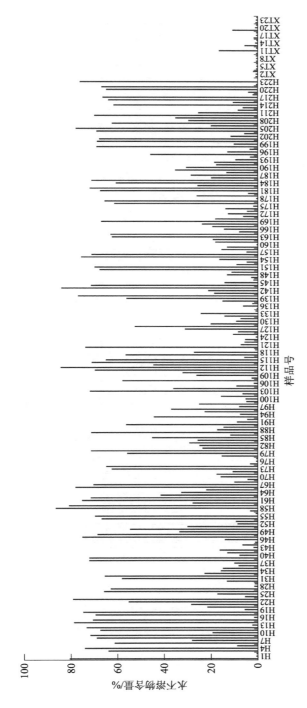

图 3.2.11　ZK01 井岩心水不溶物分析结果统计直方图

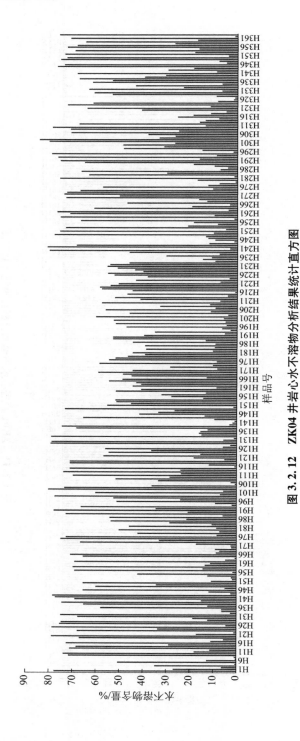

图 3.2.12　ZK04 井岩心水不溶物分析结果统计直方图

3.3　岩石物理化学性质

3.3.1　矿物成分

矿区主要盐类矿物由石盐($NaCl$)、硬石膏($CaSO_4$)、钙芒硝($Na_2SO_4 \cdot CaSO_4$)、白云石[$CaMg(CO_3)_2$]等组成。

（1）石盐

石盐($NaCl$)是矿石的主要矿物成分，呈灰白、浅灰、灰色、黑灰色，单晶矿物无色透明，有玻璃光泽，易溶于水。石盐主要为半自形及他形粒状晶体，少量为自形立方晶体，以中晶、粗晶为主，少量为巨晶及细晶，晶粒大小一般为 2~8 mm，如图 3.3.1 所示。

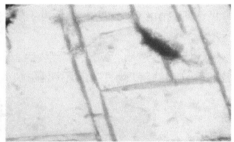

图 3.3.1　石盐岩晶体

石盐晶体彼此以镶嵌状衔接，具清楚的立方体解理，石盐正方形切面透明无色，突起极低，全消光，含量 95%；钙芒硝自形菱形切面和板状晶体，细砾晶，镜下粒度 1.5~3.5 mm，无色透明，负低突起，可见解理，但发育较差，最高干涉色一级橙红，含量 5%。薄片结构特征为含中砾晶结构，不均一显微构造。

常见石盐与钙芒硝、硬石膏相互交代的现象以及硬石膏包裹体，在石盐晶粒间常充填泥质、有机质、钙芒硝、硬石膏，因而使石盐呈浅灰、灰或黑灰色。石盐多呈层状，少量呈团块状与硬石膏、钙芒硝或泥质混生。

在围岩裂隙中，有橘红色纤维状次生石盐充填，以斜交裂隙为主，宽度一般为 0.1~5.0 cm，少量 5.0 cm 以上，长度一般为 2~30 cm，最长可大于 1 m。标本特征：蜡黄色块状石盐，晶面有明显的擦痕。薄片中石盐正方形切面透明无色，突起极低，全消光，含量 95%；粉砂级碎屑含量 5%，以石英为主，少量长石，粒度 0.05 mm 左右，棱角状。薄片整体为粗晶结构，局部白云岩为泥晶结构,显微均一构造。

（2）硬石膏（$CaSO_4$）

硬石膏呈浅灰、灰、灰白色,有玻璃光泽,可见完全解理,具细砾晶结构,块状构造。薄片中硬石膏含量97%,单偏光下无色透明,单晶的切面呈长条状,立体晶形为板状,镜下可见两组垂直解理,正中突起,小者长0.1 mm,大者长1 mm,宽以0.02~0.1 mm为主,二级彩色干涉色,以中晶结构为主;白云石含量3%,单偏光下为浅褐色,呈不连续条纹状分布,粒度<0.005 mm,泥晶结构,高级白干涉色;局部存在板状负低突起,最高干涉色为一级浅黄。

岩层中常见硬石膏、黏土矿物混杂相互交代。硬石膏常呈薄层状,似层状与泥质互层状产出,或呈团块状、珍珠状与石盐、钙芒硝、菱铁矿条带、泥质混生。

（3）钙芒硝（$Na_2SO_4 \cdot CaSO_4$）

钙芒硝呈浅灰色,以自形菱板状为主,少量为板状、粒状,有强玻璃光泽,可见解理,稍溶于水,见水湿后再干燥,表面形成一薄层白色盐膜,如图3.3.2所示。

镜下无色透明,见中、细、粗、巨晶,呈自形、半自形菱板状结构。常见一组平行长轴的解理,负突起不明显;负光性,斜消光。

图3.3.2　中粗晶钙芒硝和细晶钙芒硝

3.3.2　矿石化学成分

盐岩矿石中的主要离子为Na^+,Ca^{2+},Mg^{2+},Cl^-和SO_4^{2-},组成的主要化合物为$NaCl$,$CaSO_4$,$MgSO_4$和Na_2SO_4,组成的主要矿物成分是石盐及少量硬石膏、

钙芒硝。

3.4　岩石基本力学性质

　　通常储气库拟建库深度范围内包含泥岩、盐岩、含膏泥岩及含盐泥岩等不同岩性的地层,且盐岩中不溶物含量有差异,所有这些因素,都会造成地层力学性质沿深度方向变化。各地层的岩性不同,地应力及其劈裂压力也有差异,从而影响储气库最大和最小运行压力的确定。此外,由于盐岩黏性地层存在流变性,储气库在运行过程中体积会逐渐缩小,这种体积变化与地层力学性质紧密相关。综上所述,地层的力学性质研究,对于储气库的稳定性分析、变形分析等有着非常重要的作用。

　　储气库设计中对于地层力学性质的研究主要包括三部分参数,即地层的抗拉强度参数,不同应力条件下的杨氏模量、泊松比、黏聚力、内摩擦角等压缩强度参数以及盐岩和泥岩夹层的蠕变参数。

3.4.1　地层抗拉强度

　　地层抗拉强度是指地层岩石所能承受的最大拉应力。由于岩石不易与测试探头固定,所以一般采用间接测量的方法,即巴西试验法来确定地层抗拉强度。巴西试验沿圆盘型岩样的径向施加载荷,如图 3.4.1 所示,使岩样沿受力的中心面受拉应力。

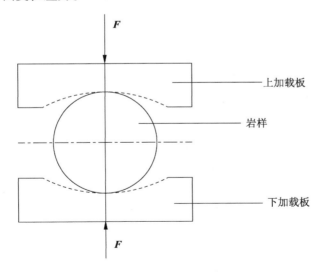

图 3.4.1　巴西实验示意图

当应力达到一定值时,岩样劈裂,这样可以根据最大载荷求出岩石的抗拉强度。

根据圆盘破裂时的最大压力,可得出岩样的抗拉强度 σ_T。

$$\sigma_T = \frac{2P}{\pi D d} \tag{3.4.1}$$

式中,σ_T 为岩样抗拉强度,MPa;P 为岩样遭抗拉破坏时所受的力,N;D 为岩样直径,mm;d 为岩样厚度,mm。

3.4.2 岩石压缩力学参数

岩石单轴和三轴压缩实验是研究岩石力学性质最常用的实验室测试方法。单轴实验在无围压和无孔隙压力的情况下,直接加轴向载荷;三轴压缩实验测试,对岩样在轴向上模拟覆层压力,在水平方向以围压形式模拟平均水平应力。典型的三轴压缩实验系统简图,如图3.4.2所示。

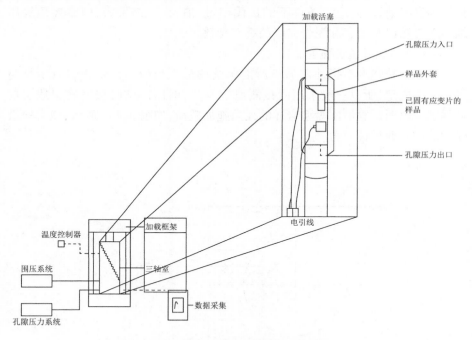

图 3.4.2 三轴压缩实验装置示意图

圆柱形岩样受对称的围压和轴向压力,一般情况下,实验所加的载荷与就地应力状态相仿,围压系统用来模拟水平应力,孔隙压力系统用来模拟地层孔隙压力。岩石压缩力学参数以及它们的变化范围,可通过一系列实验获得。在实验过程中,主要记录变形与载荷间的关系,绘制应力-应变曲线如图

3.4.3 所示,由此可以得到杨氏模量和泊松比。由于这些弹性参数受围压、温度、孔隙含水饱和度和孔隙压力等因素的影响,所以室内试验条件应根据岩样现场条件确定,以便获得现场有代表性的数据。

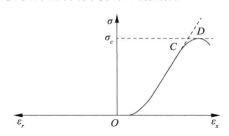

图 3.4.3　应力-应变曲线

　　此外,应严格按照国际岩石力学与岩石工程学会推荐的方法制备岩样,采用圆柱形样品,岩样长度与直径的比最好大于 2,或者在样品与加载板间放入岩片或适当的润滑剂,以避免端部效应。两个端面平行度和端面与轴线的垂直度应达到一定要求,否则会产生附加弯矩,使实验结果产生误差。圆柱表面必须保持光滑,避免表面有剥落、凹凸之处。此外,若样品与两端加载平板不能很好地吻合,则交界面岩样会受到剪应力。实验中,可根据测试岩样的特点和实验要求,控制应变或应力加载速率,如为轴向加载,应变速率一般控制在 $1×10^{-5}$ mm/s。

　　岩石样品受载时,岩样将变形,所受的应力越大,岩石的应变越大。可利用单轴压缩试验的应力-应变曲线求取岩石的弹性力学参数,如杨氏模量、泊松比等;利用三轴压缩试验研究围压下岩石的强度变化规律及岩石试件破坏的影响因素。试验时,将围压三轴压力室置于刚性试验机框架内,通过机油缸活塞推动压头施加轴压(σ_1),通过液压系统施加环向应力,可以得到三轴压缩岩石试件全应力-应变图,见图 3.4.4。对 5~6 个试件做不同压力下的三轴压缩试验,可以获得某种岩石的摩尔强度包络线,见图 3.4.5,进而得到某种岩石的摩尔强度以及岩石的黏聚力、内摩擦角等参数。

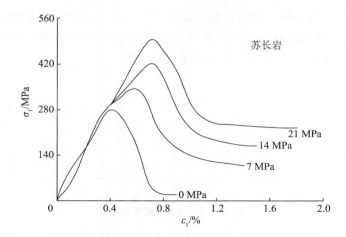

图 3.4.4　不同围压下的三轴压缩岩样试件全应力-应变图

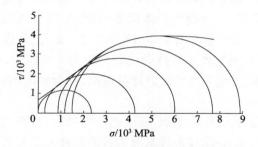

图 3.4.5　某种岩石的摩尔强度包络线

3.4.3　岩石蠕变力学性质

蠕变是指材料在恒定外力作用下,其应变随时间的推移不断增加的现象。对盐穴地下储气库来讲,溶腔后边界围岩的蠕变特性和整个腔体长期的稳定性一直是研究的重点。盐岩具有非常好的流变特性。这使其能更好地适应储气库运行期间内压的周期性变化,进而使得储气库具有较好的稳定性和密封性。

盐岩的蠕变按时间的发展大致由三个阶段组成,即初始瞬态蠕变阶段(Ⅰ阶),稳态蠕变阶段(Ⅱ阶或固定)和加速蠕变阶段(Ⅲ阶),如图 3.4.6 所示。

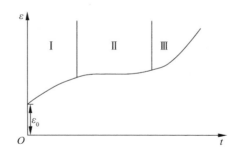

图 3.4.6　典型盐岩蠕变曲线

（1）初始瞬态蠕变阶段（Ⅰ）

此阶段,随着时间的推移蠕变速率不断减小,直至稳定状态,应变与时间近似呈对数关系,即 $\varepsilon \propto \lg t$。

（2）稳态蠕变阶段（Ⅱ）

盐岩蠕变变形在恒定或几乎恒定的应力状态下以恒定速率进行,应变与时间近似呈线性关系,因此Ⅱ阶也被称为等速蠕变阶段。盐岩在该阶段内部产生裂隙,裂隙发育并维持稳定。

（3）加速蠕变阶段（Ⅲ）

盐岩达到蠕变破坏条件,应变随时间的推移加速增加,蠕变变形速率急速增大,盐岩内部裂隙加速发展,直至裂隙连通盐岩发生破坏。

蠕变第二阶段的蠕变速率可以通过单轴或三轴压缩试验获得,在不同应力水平下保持受力条件,测量轴向应变或者径向应变随时间的变化绘制的曲线即为蠕变曲线。根据蠕变第二阶段特点,取直线段的斜率作为该应力条件下的稳态蠕变速率。

3.5　腔体设计技术要求

腔体设计是盐穴储气库设计中的一项重要内容,因为腔体是影响盐穴储气库稳定性的主要因素之一。对于盐穴地下储气库建设,欧洲现行的标准 EN 1918—4:2016 给出了重要的有关功能性方面的建议。其他适用标准包括美国 API RP 1170—4:2015、加拿大 CSAZ341 SERIE—2018 以及 SMRI（国际盐溶协会）、美国 GPA（天然气加工者协会）的建议等。2023 年 5 月 26 日,我国国家能源局发布行业标准《盐穴储气库腔体设计技术要求》（SY/T 7689—2023）,2023 年 11 月 26 日实施。

盐穴储气库在设计建库方案时,不仅要认真评价盐岩在力学上的长期稳定性和闭合速度,还要考虑单个盐腔的深度、体积、几何形态、高宽比、顶部形态、盖层的特性和完整性,以及储气库最小和最大工作压力范围、注采气速度对盐穴围岩蠕变和地面沉降的影响等。

腔体的设计应考虑储气库建造和长期运行的安全性和稳定性,具体设计要求如下。

3.5.1　单腔设计技术要求

① 腔体在盐层中的位置,即顶板厚度宜大于 35 m,脖颈高度应保证套管鞋处管柱的安全性,底板厚度宜大于 2 m。

② 腔体形态。腔体的形态宜为梨形,设计时应依据实际地质情况,根据稳定性评价确定腔体的形态。

③ 上限压力应不超过生产套管鞋处上覆岩层压力和地层破裂压力最小值的 80%。破裂压力未知时,宜按 0.017 MPa/m 的压力梯度计算,以满足腔体稳定性要求。

④ 下限压力应不低于腔体稳定性评价推荐值。

⑤ 最大注采气速率应同时满足以下条件:

a. 腔体的任何区域无张应力区存在;

b. 温度波动引起的腔体损伤区和腔体体积变化最小;

c. 储气库运行 30 年后,腔体收缩率应在允许范围之内;

d. 注采管柱尺寸、结构及冲蚀流量、摩擦阻力的影响应为最小。

3.5.2　腔群设计技术要求

① 腔体边界与相邻腔体边界、相邻老井井筒边界、断层等的最小距离应大于安全矿柱宽度。

② 腔体与其他地面设施之间的距离应保证钻井作业和修井作业工作畅通无阻。

此外,为避免腔体发生顶板塌落或腔体壁散落,从而影响储气库整体的稳定性及气密性,在设计中应充分考虑安全系数,采用弧形腔顶,将顶部水平段跨度降至最低。腔体及其他各要素如图 3.5.1 所示。

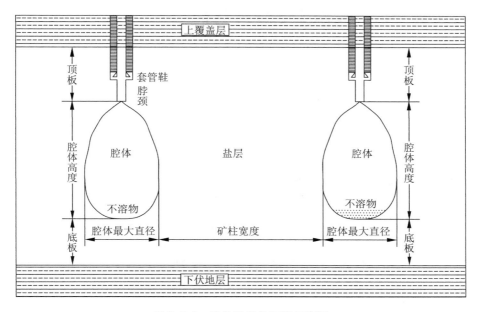

图 3.5.1　腔体及其他要素示意图

第4章　储气库围岩稳定性分析

4.1　储气库稳定性评价准则

利用盐穴进行天然气储存时要保证天然气能够"注得进，存得住，采得出""大吞大吐"地安全运营，这使得盐穴储气库的稳定性分析较一般岩土工程更为复杂，稳定性评价的标准涉及内容多，范围广，也与一般的地下岩土工程评价准则有所不同。现阶段，盐穴储气库多采用不同于其他地下洞室开挖方法的水溶建腔方法，是不可见的地下岩土工程，并且以采盐为目的的盐矿老腔较少关注腔体结构的稳定性问题。

因此，盐穴储气库新腔建造需要经过腔体的概念设计和稳定性评价。

（1）概念设计是指从通过钻井、测井、分析化验等获得的基础地质资料及相关地震资料入手，开展研究区地质构造、盐层与夹层、盐岩的物理化学特征以及顶底板稳固性研究，建立三维地质模型。在三维地质模型的基础上选择远离断层、盐层总厚度较厚且含盐率较高的区域和层段，确定为新腔建造的区块与层位。

（2）稳定性评价是指根据腔体所处位置的地层构成，赋值岩石力学、蠕变特性、地应力等参数建立稳定性评价的数值模型，通过静力、恒压流变、注采工况等模拟计算，预测单腔及腔群应力应变分布范围、腔体的年收缩率、地面年沉降速率来评估腔体的稳定性，同时给出腔顶距离套管鞋处的安全距离、腔体之间的安全矿柱宽度，以及合理的运行上限、下限压力和单腔工作气量等。概念设计与稳定性评价逻辑关系如图4.1.1所示。

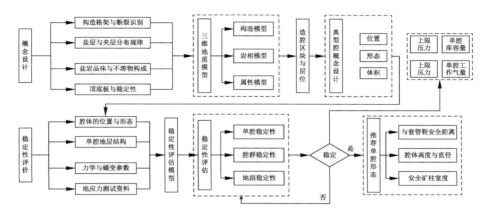

图 4.1.1　盐穴储气库新腔建造概念设计与稳定性评价逻辑关系

我国对盐穴储气库稳定性的相关研究起步较晚,工程实例较少,而国外的很多研究成果对于我国盐穴储气库并不适用。因此,我国在盐穴储气库稳定性评价方面面临巨大的困难。

目前盐穴储气库完腔以及注采运行围岩稳定性的评价多采用数值模拟方法,具体评价流程如下(见图 4.1.2):① 利用前期地质勘探获取建库目标地层信息、岩石力学参数、地应力数据及盐穴加载历史等,建立盐穴储气库地质力学模型并求解;② 通过预设不同盐穴形状、尺寸、运行条件等,对盐穴围岩响应规律进行分析;③ 利用设置好的评价指标对盐穴储气库的安全性进行评价,对不同参数的敏感性进行分析;④ 根据计算结果,对盐穴储气库形状、尺寸、运行参数进行优化,从而达到安全评价的目的。

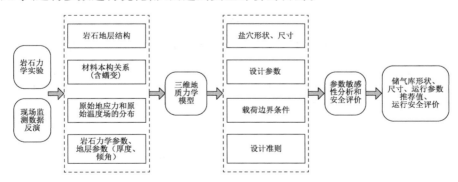

图 4.1.2　盐穴储气库稳定性评价流程示意图

笔者通过归纳分析国内外的相关研究成果,得出盐穴储气库的评价需综合考虑稳定性、密闭性及可用性 3 个方面的因素,具体包含以下几个准则:

① 拉应力破坏准则。拉应力破坏准则要求腔壁周围不出现拉应力,否则将导致腔体掉块或垮塌。

② 剪切破坏准则。储气库围岩不允许出现片帮,因此要求无大面积连通塑性区分布。

③ 膨胀破坏准则。储气库长期运行过程中不允许发生盐岩的膨胀损伤。

④ 腔体蠕变准则。在最小内压作用下,储气库周边有效应变在运行周期内不能超过其规定的许可值。

⑤ 体积收敛准则。盐岩的蠕变会使盐穴体积发生收敛减小,体积收敛减小量不能影响储气库的正常使用。

⑥ 安全矿柱准则。储气库与相邻储气库之间必须有足够的距离。

⑦ 地面沉降准则。储气库在运行过程中,压力变化和储气库上覆岩层的压力作用所引起地面沉降不能影响到地面构筑物的安全。

使用这些准则评价储气库安全稳定性时,主要涉及围岩变形、腔体体积收缩、膨胀安全系数、塑性区体积等评价指标。这些评价指标考虑了蠕变、剪切、拉伸、扩容、收缩等对储气库运营期稳定性的影响,广泛应用于盐穴储气库的稳定性评估。考虑到盐腔在内压过高或腔顶跨度过大时,顶部盐岩会受到张拉应力作用,而盐岩抗拉强度极低,易发生破碎。因此,为了保证腔体注采运行过程的安全,盐穴围岩不允许出现张拉应力。其中,强度稳定采用拉应力破坏准则和剪切破坏准则评估,具体要求如下:

$$\sigma_{\max} \geqslant R_t \quad (\text{拉应力破坏准则}) \tag{4.1.1}$$

$$\frac{\sigma_1 - \sigma_3}{2} \geqslant c \cdot \cos \varphi - \frac{\sigma_1 + \sigma_3}{2} \sin \varphi \quad (\text{剪切破坏准则}) \tag{4.1.2}$$

式中,R_t 为盐岩或泥岩的单轴抗拉强度;$\sigma_{\max}$ 为单元最大拉应力;σ_1,σ_3 分别是单元的最大和最小主应力;c,φ 分别是盐岩的黏聚力和内摩擦角。

同时,盐岩在受到较大偏应力作用时会萌生微裂纹或使已有微裂纹扩展,导致发生体积膨胀损伤而增强渗透性,因此盐穴储气库长期运行过程中不允许发生膨胀损伤。项目参考 Spiers,Ratigan,Hunsche 等的研究,建立盐岩膨胀破坏准则为

$$\sqrt{J_2} \geqslant aI_1 + b \quad (\text{膨胀破坏准则}) \tag{4.1.3}$$

式中,I_1 为第一应力不变量;J_2 为第二应力偏量不变量;a,b 为膨胀系数。

盐穴储气库稳定性
评价指标及准则

4.1.1　围岩变形

围岩变形尤其是顶板的沉降是反映盐穴储气库稳定性的一个重要指标，且在模拟中容易监控。通过围岩位移的分布，可以清楚地看到盐腔各位置的变形特征，得出更好的形状优化解释。研究表明，盐穴地下储气库运行 30 年最大蠕变变形量应满足

$$D_{\max} \leqslant 5\% d_{\max} \tag{4.1.4}$$

式中，$D_{\max}$ 为最大位移量；$d_{\max}$ 为最大腔体直径。

4.1.2　膨胀安全系数

当岩石处于复杂的应力状态时，会导致盐岩膨胀破坏从而引发储气库泄露，致使其丧失密闭性。因此，储气库长期运行过程中不允许发生盐岩的膨胀损伤，膨胀安全系数是一项非常重要的指标。参考 Spiers，Ratigan，Hunsche 等的研究成果（见图 4.1.3），建立盐岩膨胀破坏准则。

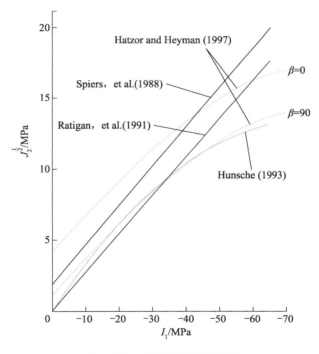

图 4.1.3　盐岩膨胀破坏准则

具体表达式为

$$SF = \frac{\sqrt{J_2}}{aI_1 + b} \geqslant 1 \tag{4.1.5}$$

式中,SF 为安全系数;a,b 为膨胀系数,需通过试验拟合;I_1 为第一应力不变量;J_2 为第二应力偏量不变量。I_1 和 J_2 可以通过式(4.1.6)和式(4.1.7)进行计算。

$$I_1=\sigma_1+\sigma_2+\sigma_3 \qquad (4.1.6)$$

$$J_2=\frac{1}{6}\left[(\sigma_1-\sigma_2)^2+(\sigma_2-\sigma_3)^2+(\sigma_3-\sigma_1)^2\right] \qquad (4.1.7)$$

式中,σ_1,σ_2 和 σ_3 分别为最小、中间和最大主应力。

4.1.3　腔体体积收缩

储气库的体积收缩率是评判其可用性和经济性的关键指标,其定义为储气库体积减少量与储气库原始体积的比值。根据我国盐岩地质和力学特征以及国外已有研究结论,中国盐穴地下储气库运行 30 年的体积收缩率应满足:

$$\frac{V-V_t}{V}\times100\%\leqslant20\% \qquad (4.1.8)$$

式中,V 为储气库原始体积;V_t 为储气库当前体积。

4.1.4　塑性区

评估盐腔周围岩体是否发生塑性破坏由 MOHR-COULOMB 准则和最大拉应力破坏准则确定。

$$f^s=\sigma_1-\frac{1+\sin\varphi}{1-\sin\varphi}\sigma_3-\frac{2c\cdot\cos\varphi}{1-\sin\varphi} \qquad (4.1.9)$$

$$f^t=\sigma_t-\sigma_3 \qquad (4.1.10)$$

式中,σ_1 为最小主应力;σ_3 为最大主应力;c 为黏聚力;φ 为内摩擦角;σ_t 为岩体的抗拉强度。

如图 4.1.4 所示,FLAC 3D 中的破坏准则将应力空间分为三个区域:区域 1 为拉伸破坏区,区域 2 为剪切破坏区,区域 3 为非破坏区。塑性区的体积等于剪切破坏区和拉伸破坏区的总和。

当 $\sigma_3>\sigma_t$ 时,若单元的剪切破坏函数 $f^s>0$,则其应力状态位于区域 2 中,发生剪切破坏;否则,其应力状态位于区域 1 中,不会发生剪切破坏。

当 $\sigma_3<\sigma_t$ 时,其应力状态位于区域 3 中,发生拉伸破坏。

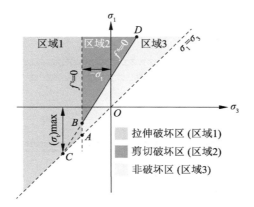

图 4.1.4 MOHR-COULOMB 破坏准则

4.2 储气库三维地质力学数值模型构建

图 4.2.1 为 ZH 储气库某井建库段地层剖面图,剖面图左侧坐标为实际埋深坐标、右侧坐标为相对坐标,盐腔自腔顶至腔底埋深为 1598~1480 m,其中盐腔自 1550.25 m 以下为残渣层。对于 2 m 及以上的夹层在建模中应予以考虑,阴影代表泥岩夹层。数值模型中坐标原点的实际埋深为 1580 m,原点位于盐腔几何对称轴上。盐腔围岩内所含夹层的材料相同。单井单腔结构的储气库三维地质力学数值模型如图 4.2.2 所示,对应的体积约为 $2.30 \times 10^5 \ m^3$。依据测井资料,考虑试算设计内压为 10~25 MPa。

模型边界条件:模型的上表面(1180 m)为应力边界条件,上覆岩层平均密度为 $2.1 \times 10^3 \ kg/m^3$,模型上边界($z=1180$ m)的垂直荷载分量为 24.78 MPa;模型下表面(1798 m)受 Z 向单向约束,水平范围为 400 m×400 m;四周纵表面受相应法线方向上的简支约束,即认为模型前、后、左、右面及下端面均具有法向约束,不允许其产生法向移动,溶腔过程对它们的影响可以忽略不计。

表 4.2.1、表 4.2.2 为该地层盐岩、泥岩的基本岩石力学参数和蠕变参数。

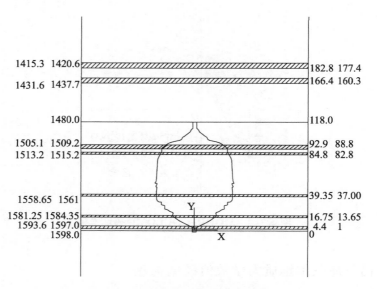

图 4.2.1 储气库建库段地层剖面图(单位:m)

图 4.2.2 单井盐穴储气库数值模型

表 4.2.1 参考计算力学参数

项目	弹性模量/ GPa	泊松比	黏聚力/ MPa	内摩擦角/ (°)	重度/ (kN·m^{-3})	抗拉强度/ MPa
盐岩	7.7	0.30	5.7	34.0	21.00	1.3
泥岩	11.0	0.24	7.7	26.6	26.60	3.0

表 4.2.2　参考蠕变参数

项目	$A/[(MPa)^{-n}\cdot h^{-1}]$	n
盐岩	5.65×10^{-4}	1.048
泥岩	2.5×10^{-6}	1.7

对设计腔体结构开展注采运行阶段的稳定性分析,运行上限压力设为 25 MPa,下限内压设为 10 MPa。一年内进行注气、采气和关井 3 个过程的两周期运行,运行年限为 30 年(见图 4.2.3)。各阶段运行方案具体如下:

① 注气期:3 月 1 日—6 月 30 日,合计 122 天,腔体内压由 10 MPa 提高至 25 MPa,每天提高 0.1230 MPa。

② 采气期:7 月 1 日—7 月 31 日,合计 31 天,腔体内压由 25 MPa 降至 10 MPa,每天降低 0.48387 MPa。

③ 低压关井期 8 月 1 日—8 月 31 日,合计 31 天,保持内压 10 MPa。

④ 注气期 9 月 1 日—10 月 31 日,合计 61 天,腔体内压由 10 MPa 提升至 25 MPa,每天提升 0.2459 MPa。

⑤ 采气期:11 月 1 日—次年 2 月 15 日,合计 107 天,腔体内压由 25 MPa 降至 10 MPa,每天降低 0.1402 MPa。

⑥ 低压关井期:次年 2 月 16 日—次年 2 月 28 日,合计 13 天,保持内压 10 MPa。

为了分析运行时间对储气库稳定性影响,开展数值计算并记录第 1 年、第 5 年、第 10 年、第 20 年及第 30 年的储气库左右腔顶、腔底的位移量,以及围岩塑性区体积和腔体体积收缩率。每年内分别记录第一次注气后、第一次采气后、第二次注气后、第二次采气后及全年的压力数据(见图 4.2.3)。

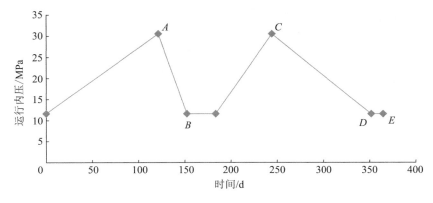

图 4.2.3　一年内的注采运行周期

4.3　单井储气库注采运行过程稳定性计算

　　单井运行第 1 年、第 30 年内 2 次采气后的围岩合位移云图、主应力云图、塑性区分布图如图 4.3.1 和图 4.3.2 所示。

　　由图 4.3.1 可知,盐穴近场围岩位移受注采影响显著,运行第 1 年采气后盐腔底合位移较大,约为 0.85 m。塑性区表现为在盐穴腔顶脖颈、沉渣覆盖层曾出现剪切破坏,同时在腔顶还存在少量拉应力破坏。

　　从主应力情况看,腔壁围岩以受压应力作用为主,最大压应力 60 MPa,位于盐腔两帮。由图 4.3.2 可知,运行第 30 年采气后对接井腔顶和腔底合位移较大,约为 1.9 m。塑性区分布规律基本与第 1 年情况相同,但塑性区体积及影响范围有所增加。

　　从主应力情况看,盐腔围岩周围少量单元产生拉应力作用,拉应力不超过 3 MPa。

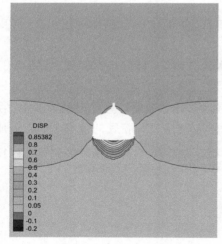

(a) 围岩合位移云图（第一次采气后）

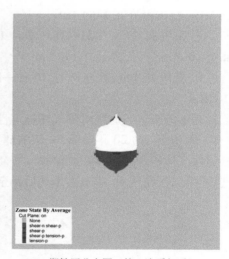

(b) 塑性区分布图（第一次采气后）

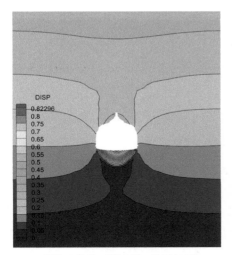

(c) 围岩合位移云图（第二次采气后）

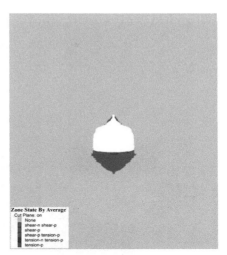

(d) 塑性区分布图（第二次采气后）

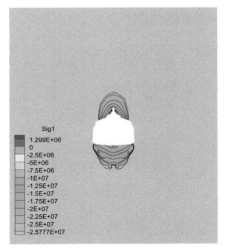

(e) 最大主应力云图（第一次采气后）

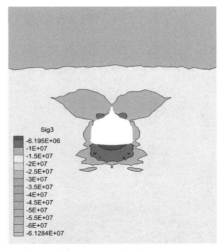

(f) 最小主应力云图（第一次采气后）

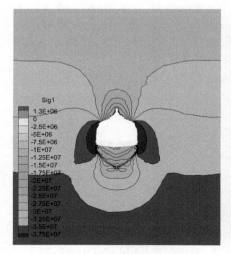

(g) 最大主应力云图（第二次采气后）　　　(h) 最小主应力云图（第二次采气后）

图 4.3.1　第 1 年腔体变形破坏云图

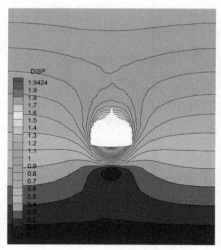
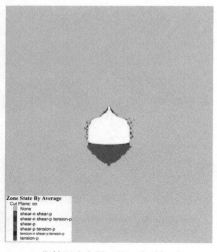

(a) 围岩合位移云图（第一次采气后）　　　(b) 塑性区分布图（第一次采气后）

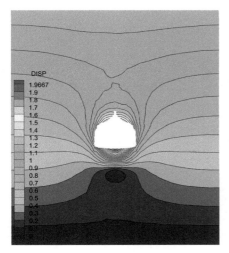

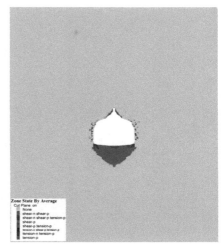

(c) 围岩合位移云图（第二次采气后）

(d) 塑性区分布图（第二次采气后）

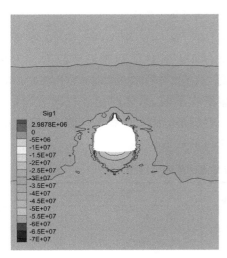

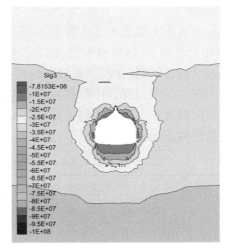

(e) 最大主应力云图（第一次采气后）

(f) 最小主应力云图（第一次采气后）

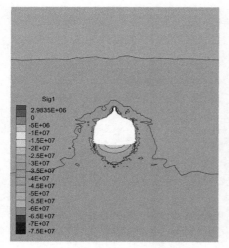

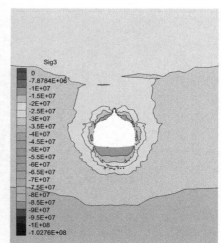

(g) 最大主应力云图（第二次采气后）　　　　(h) 最小主应力云图（第二次采气后）

图 4.3.2　第 30 年腔体变形破坏云图

表 4.3.1 至表 4.3.3 所示为该井第 1 年、第 5 年、第 10 年、第 20 年及第 30 年盐腔顶、底最大位移量,围岩塑性区体积及腔体体积收缩率数据。从中可知,随时间延长,腔顶、底最大位移量绝对值及体积收缩率均逐年增大。同年内注气采气过程腔体位移及体积收缩率均不同,采气时比注气时大,且二次采气时大于一次采气时。腔底由于含有沉渣,而沉渣富含孔隙,注气时由于盐腔内压增大,腔底位移要显著小于采气时腔底位移。

表 4.3.1　腔顶、底位移随时间变化数据

时间/年	腔顶位移/m					腔底位移/m				
	第一次		第二次		全年	第一次		第二次		全年
	注气	采气	注气	采气		注气	采气	注气	采气	
1	−0.135	−0.189	−0.209	−0.298	−0.299	0.235	0.854	0.214	0.823	0.823
5	−0.632	−0.671	−0.654	−0.704	−0.705	0.186	0.812	0.197	0.828	0.830
10	−0.841	−0.876	−0.851	−0.891	−0.892	0.383	1.010	0.399	1.035	1.038
20	−1.065	−1.100	−1.073	−1.111	−1.111	0.857	1.485	0.874	1.510	1.513
30	−1.261	−1.295	−1.268	−1.306	−1.306	1.315	1.942	1.331	1.967	1.969

表 4.3.2 围岩塑性区体积随时间变化数据

时间/年	剪切塑性区体积/10^4 m^3					拉伸塑性区体积/10^3 m^3				
	第一次		第二次		全年	第一次		第二次		全年
	注气	采气	注气	采气		注气	采气	注气	采气	
1	0	0.0580	0	0.0474	0.2654	0	0	0	0.001	0.017
5	0	0.0580	0.0009	0.0526	0.2831	0	0	0	0.001	0.018
10	0.0007	0.1312	0.0009	0.1647	0.5987	0	0	0	0.001	0.113
20	0.0032	0.3880	0.0030	0.2105	1.1760	0	0.008	0	0.034	1.347
30	0.0104	0.4019	0.0109	0.4037	1.5457	0	0.017	0.002	0.049	5.190

表 4.3.3 储气库体积收缩率数据　　　　　　　　　　单位:%

状态	时间/年				
	1	5	10	20	30
第一次注气后	−1.00	0.32	1.84	4.72	7.44
第一次采气后	0.15	1.45	2.97	5.82	8.53
第二次注气后	−0.87	0.43	1.95	4.82	7.54
第二次采气后	0.34	1.62	3.13	5.98	8.68
全年	0.35	1.63	3.14	5.99	8.69

　　直井腔顶、底位移及体积收缩率与时间的关系如图 4.3.3 至图 4.3.5 所示,由图可知,每年高低运行内压交替作用,对腔底位移、体积收缩率都产生了影响,位移曲线随"注—采—注—采"过程呈"N"形波动递增。由图 4.3.3 可知,在运行初期腔顶位移受内压交替作用影响不大,但随着时间的推移,腔顶位移波动逐渐显著。根据国内外盐穴储气库研究经验,流变 30 年储气库体积收缩率需小于 20%,设计方案第 30 年腔顶位移为 1.31 m,体积收缩率仅为 8.69%,因此可满足稳定性评价的要求。

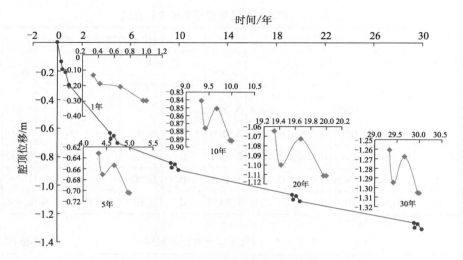

图 4.3.3 直井腔顶位移随时间变化

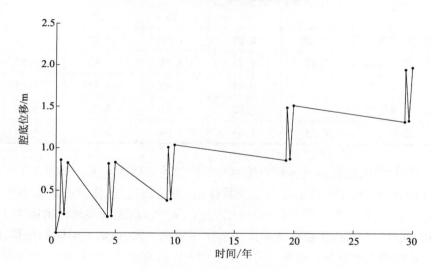

图 4.3.4 直井腔底位移随时间变化

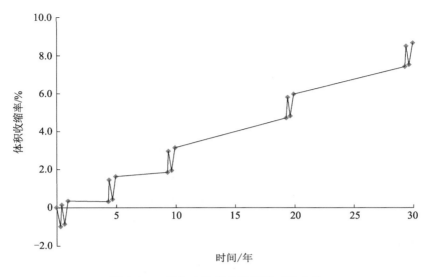

图 4.3.5　储气库体积收缩率随时间变化

4.4　储气库群腔稳定性分析

　　盐穴储气库洞群建设需要考虑相邻腔体的最小安全距离,而多洞室推荐采用正三角布置方式,各相邻洞室井距设计均相等。因此,可以简化三洞室相邻情况进行分析。图 4.4.1 为相邻储气库井距设计示意图,其中 D 为任意腔体的最大直径(为 80 m)。考虑井距为 3.25D 时的工况,即井距为 260 m,最小矿柱间距为 180 m。洞群注采运行数值模拟的运行压力最小为 10 MPa,最大为 25 MPa,运行年限为 30 年。

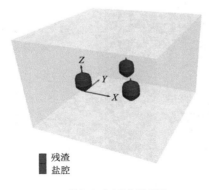

(a) 储气库群腔数值模型图

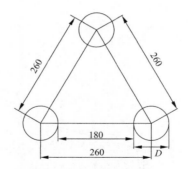

(b) 储气库群腔位置关系俯视图

图 4.4.1   储气库群腔数值模型

图 4.4.2 和图 4.4.3 为储气库群腔注采运行 30 年时,围岩的合位移、塑性区分布及主应力云图。从塑性区分布情况看,运行 30 年后,矿柱塑性区未出现连通,且无塑性区距离近 150 m,出现在埋深 1537 m 处。即未连通塑性最小区间距达 1.875D,满足储气库群对安全矿柱的要求。

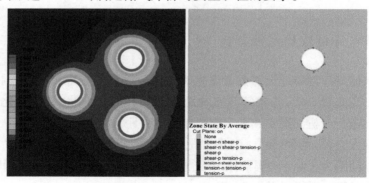

(a) Z=1546.56 m最大半径处合位移   (b) Z=1546.56m最大半径处塑性区分布

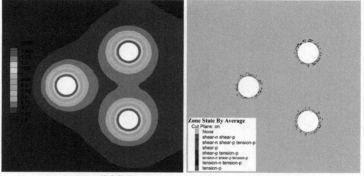

(c) Z=1537 m处合位移   (d) Z=1537 m处塑性区

图 4.4.2   第 30 年腔体变形破坏云图俯视图

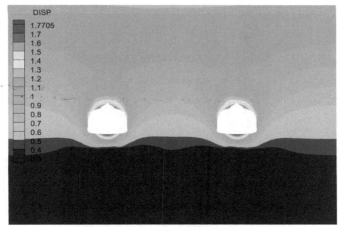

(a) XZ方向，y=0 m围岩合位移云图

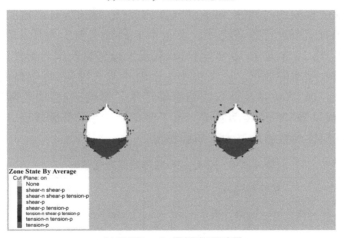

(b) XZ方向，y=0 m围岩塑性区分布图

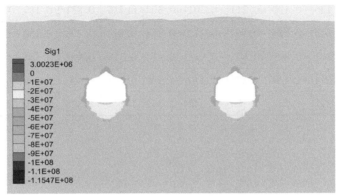

(c) XZ方向，y=0 m围岩最大主应力图

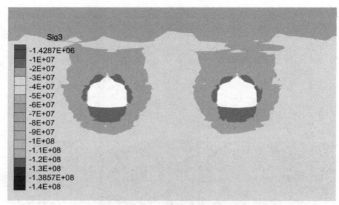

(d) *XZ*方向，*y*=0 m围岩最小主应力图

图 4.4.3　第 30 年腔体变形破坏云图（侧视图）

　　考虑数值模型的对称性，可取储气库群腔任一盐腔，对该盐腔的腔顶、底位移和体积收缩率进行数据统计。表 4.4.1 至表 4.4.3 为某井第 1 年、第 5 年、第 10 年、第 20 年及第 30 年盐腔顶、底最大位移量及围岩塑性区体积储气库腔体体积收缩率的数据。由图 4.4.4 至图 4.4.6 可知，每年高低运行内压交替作用对腔顶、底位移及体积收缩率都产生了影响，位移曲线随"注—采—注—采"过程呈现"N"形波动递增。由于存在储气库的群腔效应，因此任一盐腔的各项稳定性参数值均略大于单腔情况。

表 4.4.1　腔顶、底位移随时间变化情况

时间/年	腔顶位移/m					腔底位移/m				
	第一次		第二次		全年	第一次		第二次		全年
	注气	采气	注气	采气		注气	采气	注气	采气	
1	−0.136	−0.190	−0.211	−0.301	−0.302	0.210	0.831	0.187	0.798	0.798
5	−0.645	−0.684	−0.667	−0.717	−0.718	0.142	0.778	0.150	0.791	0.793
10	−0.863	−0.899	−0.873	−0.913	−0.914	0.318	0.962	0.334	0.985	0.988
20	−1.094	−1.129	−1.101	−1.140	−1.141	0.754	1.404	0.769	1.427	1.429
30	−1.297	−1.332	−1.303	−1.342	−1.343	1.172	1.828	1.186	1.849	1.852

表 4.4.2　围岩塑性区体积随时间变化情况

时间/年	剪切塑性区体积/10^4 m^3					拉伸塑性区体积/10^3 m^3				
	第一次		第二次		全年	第一次		第二次		全年
	注气	采气	注气	采气		注气	采气	注气	采气	
1	0	0.0059	0	0.0084	0.4644	0	0.004	0	0.03	0.174
5	0	0.0042	0	0.0395	1.5259	0	0.007	0	0.025	0.040
10	0	0.1566	0	0.4874	3.3506	0	0.026	0	0.093	1.098
20	0	0..9958	0	1.9720	7.8933	0.001	0.215	0	0.387	14.834
30	0	1.3997	0.0025	2.4829	11.4037	0.011	0.374	0	0.628	40.054

表 4.4.3　储气库体积收缩率数据　　　　　　　　单位:%

状态	时间/年				
	1	5	10	20	30
第一次注气后	−1.003	0.154	−0.871	0.346	0.358
第一次采气后	0.310	1.460	0.423	1.632	1.646
第二次注气后	1.841	2.995	1.949	3.157	3.172
第二次采气后	4.722	5.866	4.824	6.017	6.032
全年	7.464	8.602	7.562	8.746	8.761

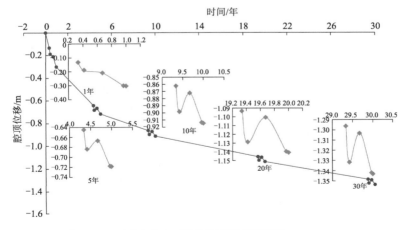

图 4.4.4　腔顶位移随时间变化

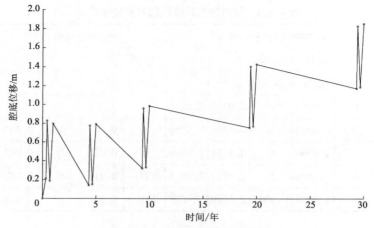

图 4.4.5 腔底位移随时间变化

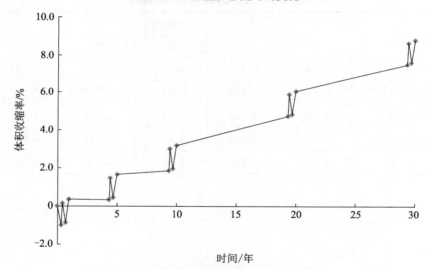

图 4.4.6 储气库体积收缩率随时间变化

4.5 地表沉降分析

储气库的建造和长期运行必然引起地面沉降。为此,重新建立数值模拟模型,将模型上边界设至地表,并设地表包含不薄于 10 m 厚的表层土,水平平面范围为 3000 m×3000 m,盐腔底板至数值模型下边界取值为 150 m,盐腔最大直径为 80 m,腔体高度为 118 m,如图 4.5.1 所示。开展运行压力最小值为 10 MPa,最大值为 25 MPa,注采运行 30 年的数值模拟分析。

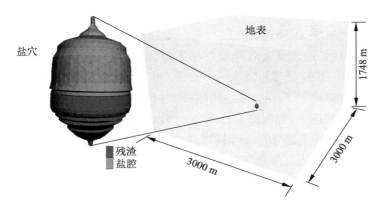

图 4.5.1　储气库地表沉降数值模型

　　由图 4.5.2 可知,盐穴储气库运行过程可能会引起地面沉降,扰动范围较大,随与储气库地表中心距离的增大,地面沉降量逐渐减小,整体呈倒立的漏斗状分布。经 30 年运行后,储气库地表中心沉降量达 25.56 mm,在距沉降中心 500 m 的圆域范围内地表沉降量可达 15 mm,在距沉降中心 1000 m 的圆域范围内地表沉降量可达 10 mm。

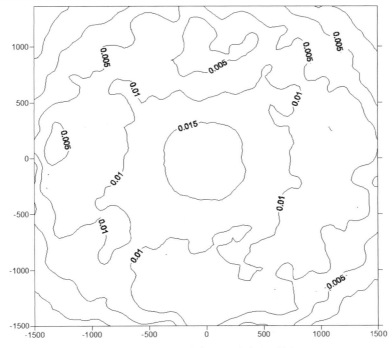

图 4.5.2　运行 30 年地表沉降分布图(单位:m)

由表 4.5.1 及图 4.5.3 可知,随着运行时间的延长,沉降量逐年增大,但增长幅度有所减缓,沉降速率在运行初期迅速降低而后近似呈线性衰减。数值模拟结果显示,地表最大沉降量在注采运行 1 年时为 11.85 mm,5 年时为 14.22 mm,30 年时为 25.56 mm。根据《建筑地基基础设计规范》(GB 50007—2011)的规定,单层排架结构(柱距为 6 m)柱基的沉降量允许变形值为 120 mm。一般情况下,当沉降量达 10 mm 时,认为地表开始移动,6 个月内地表沉降量累计值不超过 30 mm 时,即认为移动稳定。由于储气库运行 30 年正上方沉降中心最大沉降量仅为 25.56 mm,因此,设计腔体引起的地表沉降量可以满足稳定性的要求。

表 4.5.1　储气库运行期各年地表最大沉降量

时间/年	1	5	10	20	30
最大沉降量/mm	11.85	14.22	17.69	22.46	25.56
日均最大沉降量/mm	0.0325	0.0078	0.0049	0.0031	0.0023

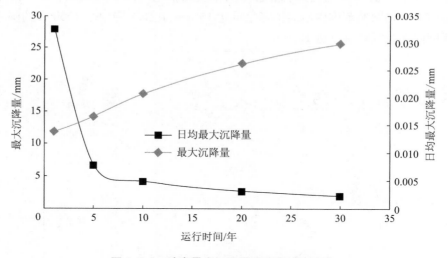

图 4.5.3　地表最大沉降量随运行过程变化

4.6　双井单腔储气库注采运行过程稳定性计算

小井间距双井水溶造腔技术是近 20 年来提出的新的造腔方法,此方法通过第一井和第二井交替注水排卤,能够增大注水排量,提高造腔速度,缩短建库周期,因此,双井造腔工艺在加快造腔进度、降低能耗方面效果明显,具有良好的应用前景。虽然小间距双井可以在给定厚度盐层形成更大的盐腔,提高有效库容量,但是其围岩的安全稳定相对于单井是否具有优越性有待进一步研究。考虑双井单腔结构的储气库建库段地层剖面和三维地质力学数值模型如图 4.6.1 及图 4.6.2 所示,对应的体积分别约为 $2.958 \times 10^5 \ m^3$ 和 $3.263 \times 10^5 \ m^3$。

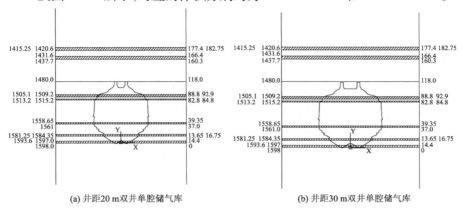

(a) 井距20 m双井单腔储气库　　　　　　(b) 井距30 m双井单腔储气库

图 4.6.1　双井储气库建库段地层剖面图(单位:m)

(a) 井距20 m双井单腔储气库

(b) 井距30 m双井单腔储气库

图 4.6.2　双井盐穴储气库三维地质力学数值模型

　　20 m 和 30 m 井间距双井单腔储气库运行第 30 年内第 1、2 次采气后的围岩合位移云图、主应力云图、塑性区分布图如图 4.6.3 和图 4.6.4 所示。由图 4.6.3 可知,盐穴近场围岩位移受注采作用影响显著,塑性区表现为盐穴顶部、沉渣覆盖区曾出现过剪切或拉伸破坏,且洞壁围岩以受压应力作用为主。左井与右井位移基本呈对称分布,最大竖向位移发生在两井对称中心的围岩处。但是在不同井间距条件下,各参数范围和大小有所不同,30 m 井距下的位移、塑性区范围更大。

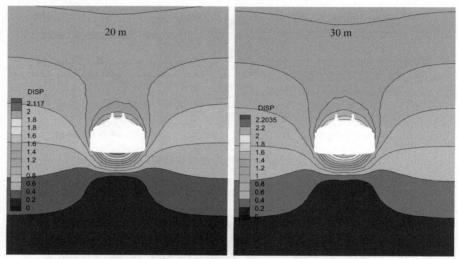

(a) 围岩合位移云图(第一次采气后),左图20 m井距,右图30 m井距

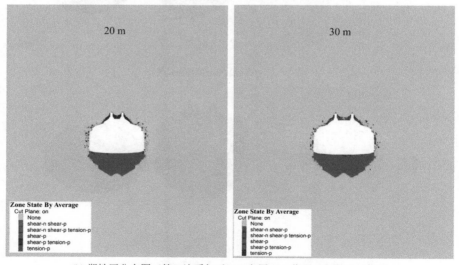

(b) 塑性区分布图(第一次采气后),左图20 m井距,右图30 m井距

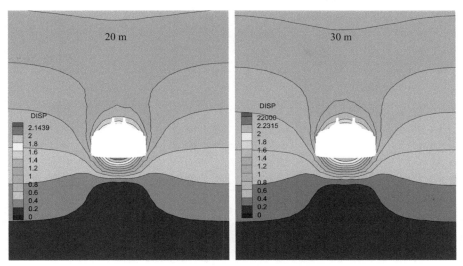

(c) 围岩合位移云图（第二次采气后），左图20 m井距，右图30 m井距

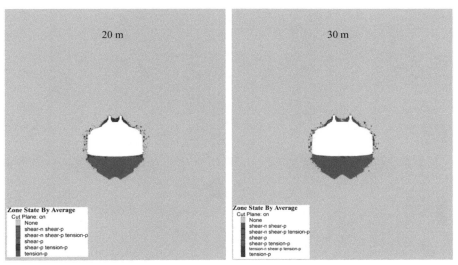

(d) 塑性区分布图（第二次采气后），左图20 m井距，右图30 m井距

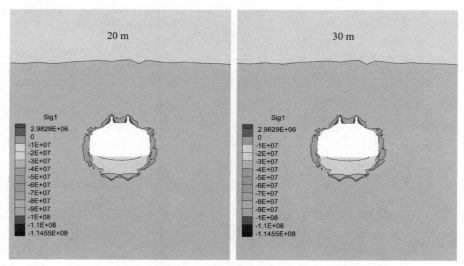

(e) 最大主应力云图（第一次采气后），左图20 m井距，右图30 m井距

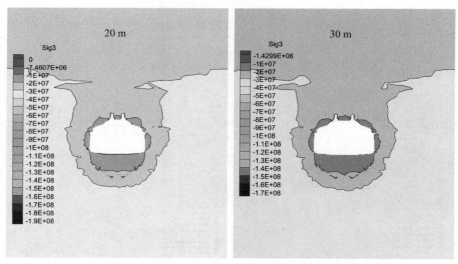

(f) 最小主应力云图（第一次采气后），左图20 m井距，右图30 m井距

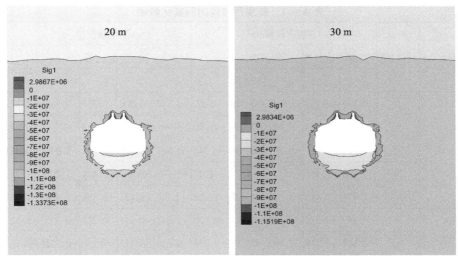

(g) 最大主应力云图（第二次采气后），左图20 m井距，右图30 m井距

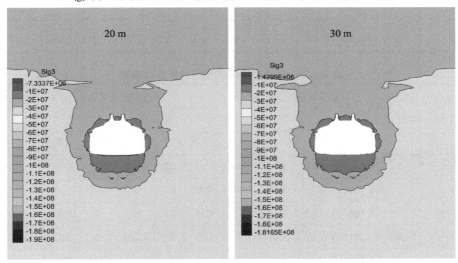

(h) 最小主应力云图（第二次采气后），左图20 m井距，右图30 m井距

图 4.6.3　运行第 30 年腔体变形破坏云图

表 4.6.1 至表 4.6.4 为不同井距方案下第 1 年、第 5 年、第 10 年、第 20 年及第 30 年左井和右井腔顶、腔底、顶板对称轴处最大位移量及围岩塑性区体积、储气库腔体体积收缩率的数据。由表可知,随时间变化左井和右井盐腔顶、腔底、顶板对称轴处最大位移量绝对值及体积收缩率均逐年增大。同年内注气采气过程腔体位移及体积收缩率均不同,采气时比注气时大,且二次采气后大于一次采气后。

表 4.6.1　腔顶位移随时间变化数据

井距/m	时间/年	左腔顶位移/m					右腔顶位移/m				
		第一次		第二次		全年	第一次		第二次		全年
		注气	采气	注气	采气		注气	采气	注气	采气	
20	1	−0.147	−0.207	−0.222	−0.319	−0.32	−0.147	−0.208	−0.223	−0.319	−0.321
	5	−0.659	−0.704	−0.682	−0.739	−0.74	−0.66	−0.705	−0.683	−0.74	−0.741
	10	−0.886	−0.927	−0.897	−0.944	−0.945	−0.887	−0.929	−0.898	−0.946	−0.947
	20	−1.145	−1.186	−1.154	−1.2	−1.2	−1.149	−1.19	−1.157	−1.203	−1.2
	30	−1.374	−1.415	−1.382	−1.428	−1.428	−1.38	−1.421	−1.388	−1.434	−1.434
30	1	−0.147	−0.212	−0.224	−0.324	−0.326	−0.147	−0.211	−0.223	−0.323	−0.325
	5	−0.668	−0.717	−0.692	−0.753	−0.754	−0.666	−0.715	−0.69	−0.751	−0.752
	10	−0.907	−0.952	−0.919	−0.971	−0.972	−0.903	−0.948	−0.915	−0.967	−0.967
	20	−1.193	−1.238	−1.203	−1.252	−1.253	−1.185	−1.229	−1.194	−1.243	−1.254
	30	−1.449	−1.494	−1.459	−1.508	−1.509	−1.436	−1.48	−1.444	−1.494	−1.494

表 4.6.2　围岩塑性区体积随时间变化数据

井距/m	时间/年	剪切塑性区体积/10^4 m³					拉伸塑性区体积/10^3 m³				
		第一次		第二次		全年	第一次		第二次		全年
		注气	采气	注气	采气		注气	采气	注气	采气	
20	1	0.0001	0.1183	0	0.1744	0.3591	0.001	0.009	0	0.007	0.018
	5	0.0002	0.2023	0.0002	0.1944	0.6902	0	0	0	0.005	0.062
	10	0.0002	0.4082	0.0001	0.4407	1.3211	0	0	0	0.006	0.494
	20	0.0012	0.6333	0.0018	1.1894	3.0301	0.002	0.001	0.002	0.076	4.396
	30	0.0064	0.6144	0.0088	1.4533	4.5451	0.003	0.006	0.006	0.05	11.902
30	1	0	0.1144	0	0.1819	0.3958	0	0.032	0	0.018	0.07
	5	0.0002	0.1975	0.0002	0.2346	0.6788	0	0	0	0.017	0.091
	10	0.001	0.4528	0.0013	0.4317	1.356	0	0.007	0.001	0.025	0.301
	20	0.0025	0.7083	0.0039	1.5435	2.9059	0.003	0	0.004	0.048	2.343
	30	0.0056	0.7488	0.009	1.3601	4.1661	0.005	0.037	0.008	0.012	7.289

表 4.6.3　储气库体积收缩率数据　　　　　　单位:%

状态	井距 20 m					井距 30 m				
	时间/年					时间/年				
	1	5	10	20	30	1	5	10	20	30
第一次注气后	-1.03	0.32	1.87	4.80	7.57	-1.05	0.33	1.92	4.94	7.80
第一次采气后	0.16	1.49	3.04	5.94	8.70	0.16	1.53	3.11	6.10	8.95
第二次注气后	-0.90	0.43	1.98	4.90	7.67	-0.92	0.45	2.04	5.05	7.90
第二次采气后	0.36	1.67	3.20	6.10	8.85	0.36	1.70	3.28	6.27	9.10
全年	0.37	1.68	3.22	6.11	8.86	0.37	1.72	3.29	6.28	9.12

由图 4.6.4 和图 4.6.5 可知,每年高低运行内压交替作用对腔顶位移、体积收缩率都产生了显著影响,位移曲线随"注—采—注—采"过程呈"N"形波动递增。由图 4.6.4 可知,在储气库运行初期,不同井距下腔顶中心位移和体积收缩率差别不大,但随时间延长差别逐渐显著。根据国内外盐穴储气库研究经验,盐穴储气库流变 30 年的体积收缩率需小于 20%。设计双井储气库 20 m 和 30 m 井距设计方案第 30 年腔顶中点位移分别为 1.783 m 和 1.883 m,整个储气库体积收缩率分别为 8.86% 和 9.12%,均满足稳定性评价的要求,但 20 m 井距方案稳定性情况更好。

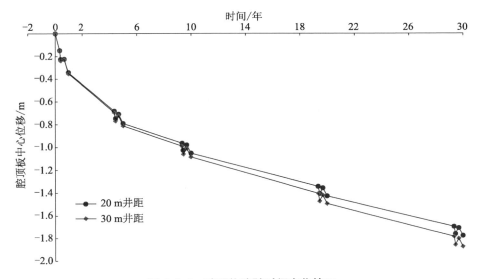

图 4.6.4　腔顶位移随时间变化情况

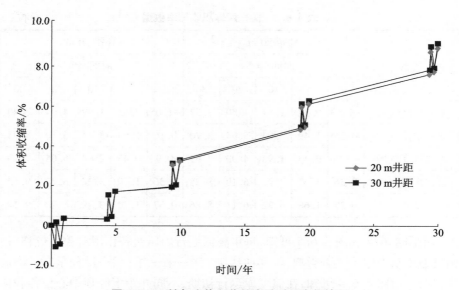

图 4.6.5　储气库体积收缩率随时间变化情况

第 5 章　复杂对接井老腔改建储气库稳定性分析

5.1　国内盐矿老腔现状

相比于其他储气库,盐穴储气库具有容积利用率高、注气时间短、垫层气用量少等诸多优点。但盐穴储气库建设周期相对长,因此直到现在,盐穴储气库在国内储气库中的占比仍然较低。为了加快盐穴储气库建设速度,提升经济效益,可以采取将老腔改建成储气库的办法。早在 20 世纪 50 年代,荷兰、美国及加拿大等国就开始使用老腔存储天然气,20 世纪 80 年代他们开始使用老腔储存氢气。由此可见,老腔再利用并不是新概念。

国内盐矿资源丰富,盐矿资源开采历史悠久,形成了大量的老腔,可以将符合改建储气库条件的老腔改建成储气库。例如,位于江苏省常州市金坛区直溪镇的金坛盐矿,1988 年第一口盐井——M1 井开始采盐,积累了大量的老腔,具体分布如图 5.1.1 所示。2005 年,中石油对金坛盐矿采矿形成的 43 口老腔进行了筛选,最终选择 6 口老腔进行了改造利用(其中 5 口投入注采气生产、1 口作为观察井使用)。

此外,据不完全统计,云应、淮安、平顶山等地还有 300 多个盐腔。但截至目前,国内老腔改造利用成功的只有金坛地区。很多老腔由于开采时间较长、盐矿企业追求资源的最大化利用等因素,其腔体已经发生连通现象,甚至连成一片(见图 5.1.2),有的是几个单井单腔连通,有的是压裂连通,有的是水平对接连通后在开采过程中再与其他井相连通,无法像金坛盐矿的单井单腔那样改造利用了。

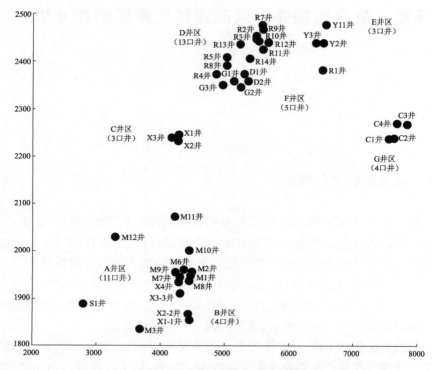

图 5.1.1　金坛盐矿采卤制盐形成的老腔分布图（2005 年）

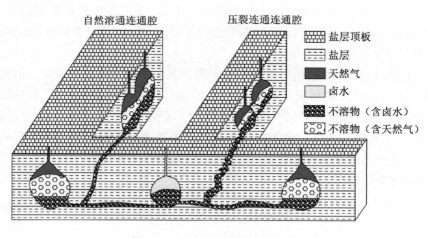

图 5.1.2　盐矿腔群连通示意图

5.1.1　老腔的分类及其注采工艺

中国盐矿开采最早以单井单腔为主，从 20 世纪 70 年代起逐渐使用对流井采盐,故老腔分为单井单腔老腔和对流井老腔两种类型。单井体积适中,密封性较强,可利用性好。对流井虽溶腔体积较大,但处于连通状态,存在密封困难的问题,可利用但风险大。下面具体介绍每种老腔类型的注采工艺。

（1）单井单腔老腔

单井单腔老腔的腔体形状规则且易于控制,但存在摩擦阻力大、能耗高、排卤浓度低等问题。造腔过程中一般采用油垫保护腔顶,中心管与中间管控制淡水注入、卤水采出及循环模式(见图5.1.3),中间管与技术套管环空为保护液柴油,技术套管不长时间接触淡水与卤水。

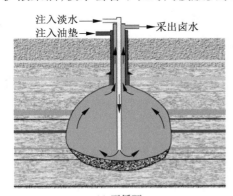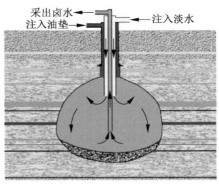

(a) 正循环　　　　　　　　　　　　(b) 反循环

图5.1.3　循环模式示意图

（2）对流井老腔

对流井老腔一般有双井对流连通或三井对流连通两种形式,由于三井对流连通形式的腔体较复杂,暂不考虑改建为储气库。对流井老腔改建储气库可充分利用底部不溶物中的孔隙空间,增加腔体体积,缩短盐穴储气库建库周期。盐化公司双井对流生产(见图5.1.4)主要有两种模式:① 两直井对流,两井压裂连通;② 直井与水平对接井连通。因第一种采卤模式盐层中存在人为裂缝,且裂缝扩展难预测,故一般不改建为储气库。目前,盐化公司对流井两井距多为 200~400 m,其中水平段长 100~200 m。

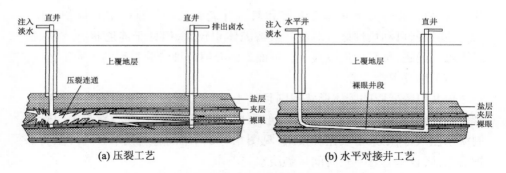

图 5.1.4　盐化公司双井对流生产模式示意图

　　盐化对流井一般直接采用技术套管生产，一口井注淡水，另一口井采卤，定期转换注采方向。盐化公司应用已固井的技术套管直接注采生产，通过割管方式控制采盐层段，技术套管可能存在一定程度的腐蚀损伤。由于盐层含较多不溶物质，因此，在对流井生产过程中，技术套管容易被沉积的不溶物埋没。

　　1）水平对接对流井

　　水平对接连通井采卤技术是近年来在国内多个盐田开发区逐渐推广普及的一种先进采卤技术。水平对接井采卤须钻两口井，一口为直井，另一口为水平井，两井在地下通过裸眼连通进行循环采卤。两井的生产套管均采用单层管柱，一口井注入淡水，另一口井采出卤水，两井作为注入井和采出井的角色定期更换，采卤过程中无油垫控制，当管柱被掩埋导致排卤困难时，直接切割生产管。这种生产方式相对单井采卤能够获得高浓度的卤水，且对盐层利用更为充分，钻进连通又比较容易，不存在其他连通井型的连通困难问题，卤井结晶堵塞等事故与其他类型连通井一样，也有解决方案，具备连通井普遍的优势。

　　以平顶山盐田为例，盐田现有约 50 口水平对接对流井（见图 5.1.5），它们按水平井套管所下到的位置分为两种：一种称之为 A 型，水平井套管只下至直井段，造斜段（斜井段和水平段）全部裸眼，是平顶山盐田早期应用的井型，现共有 11 组，应用效果不太理想。另一种称之为 B 型，水平井套管下到斜井段的某一位置，是目前应用较多的井型，也是所有在建井组所选择的井型。

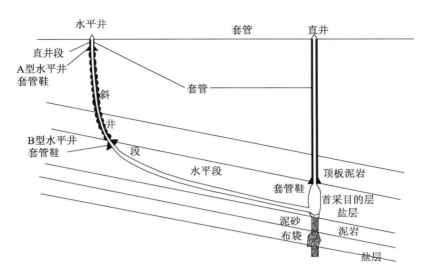

图 5.1.5　水平对接对流井剖面示意图

2）压裂对流井

　　水力压裂连通法的原理,是利用高压水沿岩层中薄弱带形成裂缝,然后经扩张、冲刷、溶解使得裂缝不断扩大延伸而达到两井连通的目的。它是目前国内外采盐行业中比较先进的技术,具有投资少、见效快、产量大、产物浓度高、事故少、回采率高、服务年限长等特点,被视为最理想的采盐技术之一。

　　以平顶山盐田为例,平顶山盐田位于舞阳凹陷之中,该凹陷北深南浅,走向近东西向,凹陷呈箕状,褶皱及断层构造不发育。目前,开采的西部叶县次凹和东部孟寨次凹构造非常简单,为倾角近南北的单斜构造,矿区内没有发现断层和褶皱,仅有少量的高角度张裂隙发育。可以说矿区封闭条件良好,十分有利于水力压裂的实施,而发育的高角度张裂隙对裂缝的形成具有一定的控制作用,有助于降低破裂压力。三组压裂井压裂缝推测如图 5.1.6 所示。

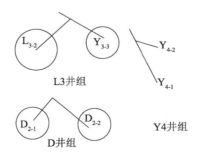

图 5.1.6　三组压裂井压裂缝推测图

5.1.2 应城老腔

1995年,湖北省应城首次采用水平定向对接井技术对盐岩矿床进行开采。从1995年至2002年,水平定向对接井造斜段裸露,该阶段井距小于200 m;2003年至今,定向对接井套管下至造斜段,井距增大。目前对接井数量为90对(每对2口井),其中包括压裂连通井和定向对接井,井距从200 m到500 m不等。

湖北省应城矿区XK402井和ZK401井完成对接施工(先定向后压裂连通),两井对接施工中,直井段终孔孔深为354.5 m,定向孔造斜钻进长度312 m,终孔井深667 m,两井井口地面水平距225.16 m。由于一次性对接未成功,考虑到XK402井的钻孔轨迹在目的岩层中离溶腔很近,因此采用从ZK401井进行压裂连通的方式,连通的两井出卤量超过了设计要求($50\ \mathrm{m^3/h}$)。

将应城老腔地质资料与储气库评价标准进行对比,结果如下:

① 老腔深度为350~500 m,而盐穴储气库一般要求埋深大于800 m。

② 地质构造为两条区域性断裂带活动不剧烈,水文地质条件简单,地震烈度为不大于Ⅵ度(<Ⅶ度),满足要求。

③ 盐层厚度为250~550 m,满足要求。

④ 顶板岩层为钙芒硝硬石膏,其渗透率低,能够保证储气库的密封性。

5.1.3 平顶山老腔

平顶山盐田于2003年引进水平对接连通井采卤技术,至2008年已有约50口水平对接连通卤井,含20对(每对2口井),5对(每对3口井),井距为250~350 m。其中,XL3-8井(垂直井)与XL3-7井(定向井)地面井距约250。XL3-8井为垂直井,钻至目的矿层底板以上15 m处;XL3-7井为水平井,进入以目的矿层底板以上3 m处为圆心、半径2 m的圆球靶区,实现两井连通。水平开采井段长<140 m,水平井段的井斜为83°±2°,以保证水平轨迹与矿层平行。

将平顶山老腔地质资料与储气库评价标准进行对比,结果如下:

① 老腔深度为1000~1500 m,埋深适中,可以保证一定的储气压力。

② 地质构造为单斜构造,断层不发育,水文地质条件简单,地震烈度为Ⅵ度(<Ⅶ度),满足要求。

③ 盐层厚度为180~330 m,满足要求。

④ 顶板岩层为含膏泥岩,其渗透率低,能够保证储气库的密封性。

5.2　老腔改建储气库稳定性评价方法

5.2.1　稳定性评价流程

盐矿废弃老腔改建储气库是一项复杂的系统工程,筛选评价结果及改造工程质量的好坏直接关系到储气库未来能否安全平稳运行。盐矿老腔改建储气库稳定性评价流程示意图如图 5.2.1 所示。

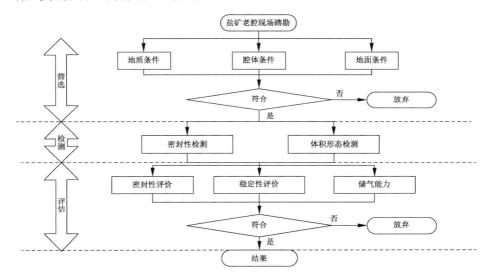

图 5.2.1　盐矿老腔改建储气库稳定性评价流程示意图

首先,对盐矿老腔根据建库条件评价技术进行初步筛选,通过地质条件、腔体条件及地面条件进行综合考虑。

(1)地质条件:构造完整且封闭条件良好,上覆盖层和断层应具有良好的封闭性;盐层有一定的厚度,分布稳定,盐层的物性和连通性好;盖层岩性以盐岩、硬石膏、石膏和较纯的泥岩为主,分布稳定;盐岩层埋深适中(500~1500 m),地层平缓,构造较简单,远离断层。

(2)盐腔条件:单个盐腔形态较规则,连通老腔施工过程中未发生过压裂;卤水开采过程中状态相对稳定,未发生过影响腔体溶漓的重大复杂事故;盐腔体积在 8 万 m³ 以上;独立盐腔间的井口距离原则上应在 240 m 以上。

(3)地面条件:地面条件较良好,利于施工;复杂连通老腔井口与周围盐腔井口距离大于 100 m;井口与村落、学校、医院等人口集中地距离符合国家标准。

接着,对符合条件的老腔开展现场密封性检测和体积形态检测。

密封性检测:盐腔若要作为存储高压介质的载体,必须保障其密封性。API RP 1114—1994《盐穴储气库建设推荐设计方法》中关于盐穴腔体密封性的测试方法和法国 Geostock 公司采用的试压方法是在盐穴中下入试压管柱,向试压管柱和生产管之间的环空注入氮气或空气,实现对盐穴腔体的试压。通过气水界面和井口压力的变化计算腔体泄漏率随时间的变化,最终评价腔体的密封性。我国针对老腔的实际情况和特点,采用卤水试压法进行盐穴前期密封性评价。该方法是以卤水为试压介质,通过向地下盐腔中注入饱和卤水,记录注入过程中注入流量和井口压力的变化来分析地下盐腔的密封性,如图 5.2.2 所示。

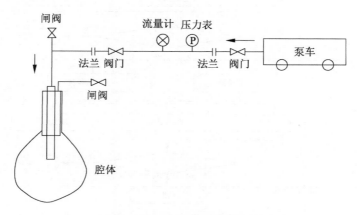

图 5.2.2　卤水试压法测试盐腔密封性示意图

体积形态检测:沿采盐井井筒下放声呐测量井下仪器,井下仪器的声呐探头进入盐穴腔体后,在某一深度进行 360° 水平旋转,同时按设定的角度间隔向盐穴腔体壁发射脉冲声波,接收回波信号,信号经井下仪器的连接电缆传回地面中心处理器,得到某一深度上的腔体水平剖面图。声呐测量井下仪器在盐穴腔体内不断改变检测深度,可获得腔体不同深度的水平剖面,最终可得到整个腔体的体积和三维形态图像,如图 5.2.3 所示。

声呐测量技术可以很好地测量单井单腔常规立式盐腔,而盐矿老腔多以直井+斜井水平对接的方式注水采卤,其中直井段的腔体形态可以通过声呐测量获取,但水平段和斜井段的腔体形态目前还没有技术可以获取,多利用物质平衡法,结合钻井井眼轨迹、声呐检测结果对斜井复杂连通老腔的形态模型进行预测,故而水平对接采卤井体积形态检测也就成了老腔改造评价的技术瓶颈。

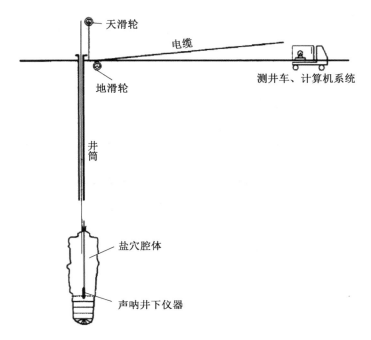

图 5.2.3　声呐测量现场施工工艺图

最后,进一步开展注采运行过程的密封性、稳定性及储气能力数值模拟,判断其是否能够满足安全稳定评价准则,对于符合要求的盐矿老腔可用于改建为储气库。

5.2.2　老腔改建储气库简化力学模型的构建

图 5.2.4a 所示为建库段地层剖面图,剖面图左侧坐标为实际埋深坐标、右侧坐标为相对坐标,盐腔自腔顶至腔底埋深为 1650~2044 m,其中盐腔自 1764 m 以下为沉渣层。对于 2 m 及以上的夹层在建模中予以考虑,图中阴影代表泥岩夹层。数值模型中坐标原点的实际埋深为 2044 m,原点位于直井左缘正下方最低点。盐腔围岩内所含夹层的材料相同。储气库三维地质力学数值模型如图 5.2.4b 所示,相关计算参数见表 5.2.1、表 5.2.2。依据测井资料,考虑设计内压为 11.5~28.0 MPa。

模型边界条件:模型的上表面(1350 m)为应力边界条件,上覆岩层平均密度为 $2.165×10^3$ kg/m^3。因此,模型上边界($Z=1350$ m)的垂直荷载分量为 29.20 MPa;模型下表面(2244 m)用 Z 向单向约束,X 方向范围从 -300 m 至 700 m,Y 方向范围为 -200 m 至 200 m。四周纵表面受相应法线方向上的简支约束,即认为模型前、后、左、右面及下端面均具有法向约束,不允许其产生法向移动,溶腔过程对它们的影响可以忽略不计。

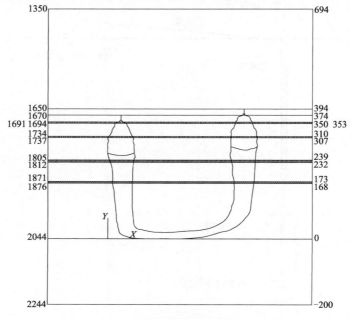

(a) 建库段地层剖面图

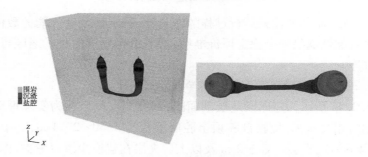

(b) 储气库地质数值模型图

图 5.2.4 盐穴储气库简化数值模型

表 5.2.1 计算力学参数

力学参数	弹性模量/ GPa	泊松比	黏聚力/ MPa	内摩擦角/ (°)	重度/ (kN·m⁻³)	抗拉强度/ MPa
盐岩	4.39	0.20	9.3	33	21.65	1.77
泥岩	18.00	0.12	5.0	35	26.60	10.00

表 5.2.2　蠕变参数

力学参数	$A/[(\text{MPa})^{-n} \cdot \text{h}^{-1}]$	n
盐岩	5.65×10^{-4}	1.048
泥岩	2.5×10^{-6}	1.7

对设计腔体结构开展注采运行阶段的稳定性分析,具体方案设计为运行上限压力为 28 MPa,下限压力设为 11.5 MPa。一年进行注气、采气和关井的三过程两周期运行,运行年限为 30 年(见图 5.2.5)。各阶段具体运行方案如下:

(1)注气期 3 月 1 日—6 月 30 日,合计 122 天,腔体内压由 11.5 MPa 提升至 28 MPa,每天提升 0.1352 MPa。

(2)采气期 7 月 1 日—7 月 31 日,合计 31 天,腔体内压由 28 MPa 降至 11.5 MPa,每天降低 0.5323 MPa。

(3)低压关井从 8 月 1 日—8 月 31 日,合计 31 天,保持内压 11.5 MPa。

(4)注气期 9 月 1 日—10 月 31 日,合计 61 天,腔体内压由 11.5 MPa 提升至 28 MPa,每天提升 0.2715 MPa。

(5)采气期 11 月 1 日—次年 2 月 15 日,合计 107 天,腔体内压由 28 MPa 降至 11.5 MPa,每天降低 0.1542 MPa。

(6)低压关井从次年 2 月 16 日—次年 2 月 28 日,合计 13 天,保持内压为 11.5 MPa。

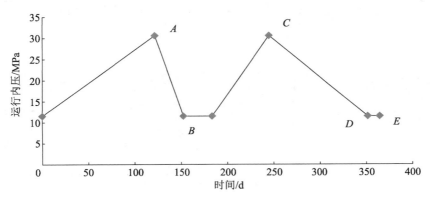

图 5.2.5　注采运行周期

5.3 老腔改建储气库长期稳定性计算

取运行第1年、第30年2次采气后的围岩合位移云图、主应力云图、塑性区分布图,数值模拟部分结果如图5.3.1和图5.3.2所示。由图5.3.1可知,盐穴近场围岩位移受注采作用影响显著,运行第1年采气后盐腔底合位移较大,约为0.9 m。塑性区主要分布在盐穴周边,沉渣及夹层处也曾出现剪切破坏,腔顶曾出现拉伸破坏,且两井之间的夹层曾出现塑性区连通。从主应力情况看,腔壁围岩以受压应力作用为主,最大压应力60 MPa位于盐腔侧壁。由图5.3.2可知,运行第30年采气后对接井腔顶合位移最大,约为2.5 m。塑性区基本与第1年分布规律相同,但塑性区体积有所增加。从主应力情况看,盐腔围岩含夹层处少量单元产生拉应力作用,拉应力达3 MPa。

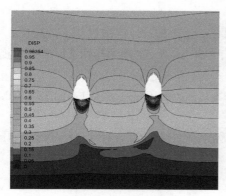

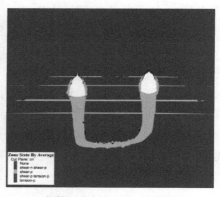

(a) 围岩合位移云图(第一次采气后)　　　　(b) 塑性区分布图(第一次采气后)

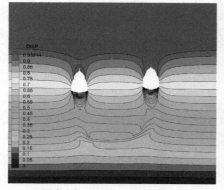

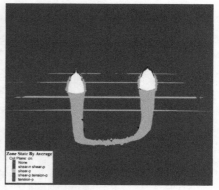

(c) 围岩合位移云图(第二次采气后)　　　　(d) 塑性区分布图(第二次采气后)

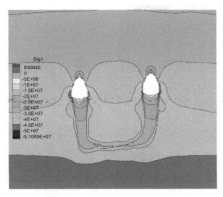

(e) 最大主应力云图（第一次采气后）

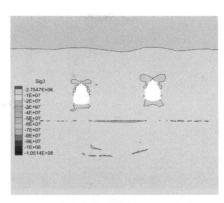

(f) 最小主应力云图（第一次采气后）

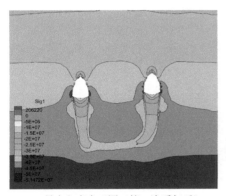

(g) 最大主应力云图（第二次采气后）

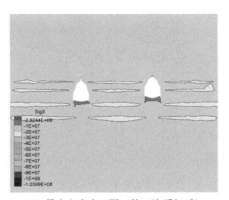

(h) 最小主应力云图（第二次采气后）

图 5.3.1　第 1 年腔体变形破坏云图

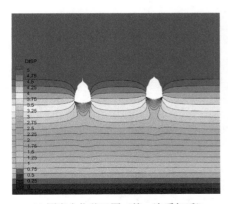

(a) 围岩合位移云图（第一次采气后）

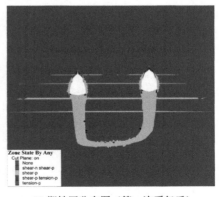

(b) 塑性区分布图（第一次采气后）

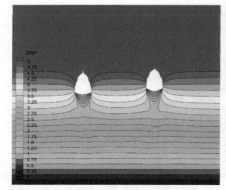
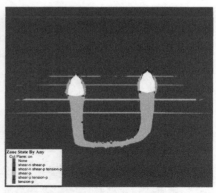

(c) 围岩合位移云图（第二次采气后）　　　(d) 塑性区分布图（第二次采气后）

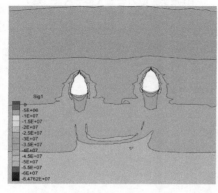
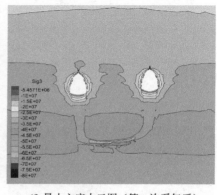

(e) 最大主应力云图（第一次采气后）　　　(f) 最小主应力云图（第一次采气后）

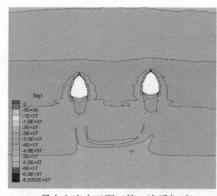
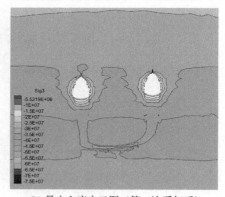

(g) 最大主应力云图（第二次采气后）　　　(h) 最小主应力云图（第二次采气后）

图 5.3.2　第 30 年腔体变形破坏云图

　　表 5.3.1 至表 5.3.3 为直井及对接井第 1 年、第 5 年、第 10 年、第 20 年及第 30 年盐腔顶、底最大位移量及腔体体积收缩率的数据。由表可知，随时

间变化,腔顶、底最大位移量绝对值及体积收缩率均逐年增大。同年内,注气采气过程腔体位移及体积收缩率均不同,采气时比注气时大,且二次采气后大于一次采气后。

表 5.3.1　直井腔顶、底位移随时间变化数据

时间/年	腔顶位移/m					腔底位移/m				
	第一次		第二次		全年	第一次		第二次		全年
	注气	采气	注气	采气		注气	采气	注气	采气	
1	−0.186	−0.235	−0.225	−0.292	−0.292	0.054	0.920	0.037	0.892	0.893
5	−0.556	−0.600	−0.585	−0.646	−0.646	−0.171	0.695	−0.190	0.664	0.665
10	−0.961	−1.005	−0.988	−1.046	−1.046	−0.441	0.426	−0.458	0.128	0.399
20	−1.664	−1.707	−1.687	−1.741	−1.741	−0.895	−0.028	−0.909	0.398	−0.049
30	−2.249	−2.290	−2.268	−2.318	−2.318	−1.254	−0.386	−1.265	−0.404	−0.403

表 5.3.2　对接井腔顶、底位移随时间变化数据

时间/年	腔顶位移/m					腔底位移/m				
	第一次		第二次		全年	第一次		第二次		全年
	注气	采气	注气	采气		注气	采气	注气	采气	
1	−0.196	−0.246	−0.237	−0.304	−0.305	0.021	0.870	0.002	0.841	0.841
5	−0.577	−0.623	−0.608	−0.670	−0.671	−0.217	0.632	−0.238	0.599	0.600
10	−0.994	−1.039	−1.022	−1.082	−1.082	−0.502	0.348	−0.520	0.318	0.319
20	−1.716	−1.759	−1.740	−1.795	−1.795	−0.983	−0.132	−0.998	−1.559	−0.155
30	−2.315	−2.356	−2.335	−2.386	−2.386	−1.366	−0.515	−1.378	−0.534	−0.533

表 5.3.3　储气库体积收缩率数据　　　　　　单位:%

状态	时间/年				
	1	5	10	20	30
第一次注气后	−2.15	−0.66	1.12	4.43	7.27
第一次采气后	−0.73	0.73	2.50	5.68	8.41
第二次注气后	−2.01	−0.53	1.25	4.53	7.36
第二次采气后	−0.52	0.94	2.69	5.83	8.53
全年	−0.51	0.95	2.73	5.88	8.60

由图 5.3.3 至图 5.3.7 可知,每年高低运行内压交替作用对腔体顶、底位移及体积收缩率都产生了一定的影响,位移曲线随"注—采—注—采"过程呈现"N"形波动递增。由图 5.3.3 和图 5.3.7 可知,在储气库运行初期,腔顶位移受内压交替作用影响不大,但随时间延长,腔顶位移波动逐渐显著。根据国内外盐穴储气库研究经验,流变 30 年其体积收缩率需小于 20%。设计方案第 30 年直井及对接井腔顶位移分别为 2.32 m 及 2.39 m,直井和对接井围岩变形有差别,而整个储气库体积收缩率仅为 8.60%,因此可满足稳定性评价的要求。

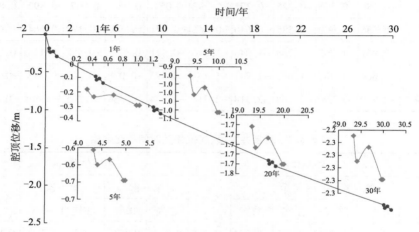

图 5.3.3　直井腔顶位移随时间变化

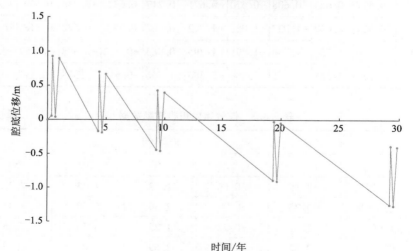

图 5.3.4　直井腔底位移随时间变化

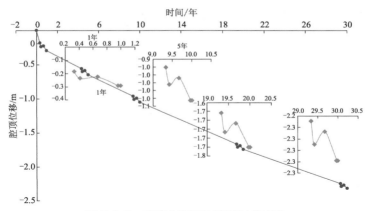

图 5.3.5　对接井腔顶位移随时间变化

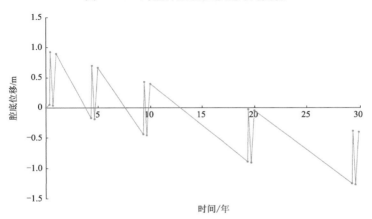

图 5.3.6　对接井腔底位移随时间变化

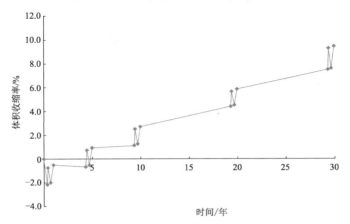

图 5.3.7　储气库体积收缩率随时间变化

第6章 盐穴储气库注采运行管理

6.1 地面工艺系统

盐穴储气库地面工程一般包括输气管线(输气干线)、压缩机(注气装置)、天然气脱水装置(采气装置)、集输管网(集输系统)、造腔地面配套部分、生活辅助设施、变电所等几个部分,其注采气工艺流程分为注气和采气两种。

地面工艺流程通常按注采双向考虑。除注采气站注采工艺为单向流程外,分输站、井场、集配气阀组及集输系统均可实现一套设备满足注采双向功能。

注气过程:分输站来的干气计量后经输气管道输至储气库注采气站的进出站阀组,之后进入注气装置。在注气装置中,干气经压缩机增压后,经进出站阀组的分配器分别输送至各集配气阀组,由集配气阀组经集输管网分别送至各注采气井井场,计量后注入盐穴中储存。

采气过程:各井口来气在井场经节流、分离、计量后出井场,通过集输管网分别送至集配气阀组,由集配气阀组输至注采气站的进出站阀组,然后进入采气装置。在采气装置中,天然气先经脱水或应急加药处理,然后外输至分输站,再进入天然气管网。

有的储气库有两个注采气站,如金坛储气库有东、西两个注采气站,两个注采气站间设一条湿气联络线和一条干气联络线,满足东、西注采气站与各自所辖井位间匹配操作的要求。输气干线、湿气联络线、集输管网均设清管设施,以保证管线输送效率。井场,集配气阀组,集输管网,东、西两个注采气站的注采装置,干、湿气联络线,输气干线等各单元间均设置紧急关断阀或电动阀门,所有压力容器上均设有安全阀,以确保系统的安全运行。

6.2　注气工艺

6.2.1　注气工艺流程

盐穴储气库一般注气工艺流程:从分输站来的天然气(压力相对低,通常在4~7 MPa)首先进入旋流分离器除去尘粒等杂质,再经过滤分离器滤掉细小颗粒杂质后进入注气压缩机进行增压。压缩后的天然气经空冷器或水冷器冷却,温度降至55 ℃左右、压力增至8.5~17 MPa(以金坛储气库为例,各储气库根据设计运行压力各有不同),压缩冷却后的天然气进入进出站阀组后由集输管网输至集配气阀组计量,然后由集输管网输送至各井场注入地下腔体储存。其中,压缩机是注气工艺流程的核心设备,注气工艺流程如图6.2.1所示。

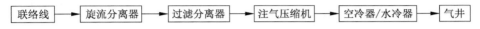

图6.2.1　注气工艺流程图

6.2.2　压缩机

(1)压缩机的选型原则

① 满足安全、经济、节能、环保要求。

② 压缩机应按设计输气量来进行选型和配置,满足储气库不同时期、不同输气量的增压需求,并在较高效率区域工作。

③ 所选机组应性能可靠、效率高、操作灵活、可调范围宽、调节控制简单。

④ 满足压缩机出口压力不断升高的要求。

(2)压缩机参数的确定

1)排量

压缩机排量应根据地层储气能力、季节调峰气量、日调峰气量确定。对于采气期外输气需增压的地下储气库,注气压缩机可与采气期干气外输压缩机共用。

为满足气量波动的要求,压缩机排量的确定宜适当留有余地。

2)压缩机入口压力

压缩机入口压力取决于输气管网的压力,其与输气管网至地下储气库间联络线的末点压力相同,并随之波动。当注气压缩机也作为采气压缩机使用时,压缩机入口压力要适应采气系统运行压力要求。当露点控制装置压力高于注气期输气管网压力时,注气压缩机的设计压力要按采气系统压力考虑。

3）压缩机出口压力

压缩机出口压力主要取决于地层压力,并受注采井管柱选型的制约。

4）压缩机入口温度

一般来说,压缩机入口温度等于输气管网来气温度。当来气管线压力波动大、压缩机无法满足其波动要求时,压缩机入口处可安装压力调压阀,此时,压缩机入口的温度要考虑阀门节流的温降影响,同时,要考虑天然气节流后是否有液体析出,从而采取相应的过滤分离措施,避免对压缩机运行产生危害。

5）压缩机出口温度

压缩机出口温度是由压缩机组的出口压力、天然气性质、压缩机压比、压缩机效率等共同决定的,不同型号注气压缩机所能实现的出口温度不同。压缩机出口一般设置有冷却器,经冷却器冷却后的天然气温度应达到的要求需要综合考虑以下几个因素:

① 注气管线外防腐层的性质。当采用 PE 防腐层时,一般最高的注气温度不超过 70 ℃。若温度超过 70 ℃时,则应采用 TP 防腐层。

② 当注气管线不保温时,要考虑埋地注气管线对地表农作物的影响问题。

③ 注气管线的运行温度要满足注气管线的应力分析要求。

（3）压缩机的选型

目前,国内外地下储气库工程所采用的压缩机主要有离心式压缩机和往复式压缩机两种型式,两种机型优缺点对比如表 6.2.1 所示。

表 6.2.1　两种机型优缺点对比

项目	往复式机组	离心式机组
优点	① 机组效率高,压比大; ② 无喘振现象; ③ 流量变化对效率的影响较小	① 机组外形尺寸小,占地面积小; ② 运行摩擦易损件少,使用寿命长,日常维护工作量较小,维护费用低; ③ 运行平稳,运行噪声较小; ④ 排量较大
缺点	① 外形尺寸大,占地面积大; ② 结构复杂,辅助设备多,活动部件多,日常维护工作量较大,维护费用较高; ③ 机组运行振动较大,噪声大	① 机组效率比往复式机组低,能耗、维护费用高; ② 低输量时需防止喘振; ③ 对较大压比适应性较差; ④ 机组大修费用高、耗时长,如无备用机组,运行机组出现故障时将导致停产

由于储气库气源气量波动大、压缩机出口压力高且波动范围大,因此往复式压缩机比离心式压缩机更能适应盐穴储气库的操作工况条件。且往复式压缩机在压缩比、操作灵活性、能耗等方面均优于离心式压缩机,因此,多数盐穴储气库选择往复式压缩机进行注气。

（4）驱动方式比选

往复式压缩机可以采用电机驱动(电驱)和燃气驱动(燃驱)两种驱动方式,两种驱动方式均有成熟的应用经验且均可满足盐穴储气项目的使用需求。驱动方案的确定主要取决于站场的具体条件和各项技术经济指标。现对燃驱与电驱方式的技术性能进行比较。

1）天然气发动机驱动方式

天然气发动机驱动压缩机需配置相应的燃料气系统、润滑油系统、启动系统等附属设备。天然气发动机和压缩机采用分轴式连接,由于天然气发动机转速较高,因此完全可以满足压缩机的转速要求,其间不需采用变速箱,可直接连接,从而减少中间损失。天然气发动机的燃料气直接取自储气库内天然气,受外界因素的干扰和影响较小。

2）变频电机驱动方式

变频电机驱动压缩机需配置相应的输、配、变电系统和变频系统,为满足压缩机高速运转的要求,电动机与压缩机之间常需通过齿轮变速箱连接,电机电源取自外部电网,受电网的影响较大,并且电机的启停对电网干扰较大。变频电机驱动的优点是电机的运行维护工作量少于天然气发动机,但对电网的依托条件要求较高。

两种方式的主要技术性能对比如表 6.2.2 所示。

表 6.2.2　两种驱动方式技术性能对比

序号	项目	天然气发动机	变频电机
1	输出功率	受环境温度和大气压影响,环境温度越高,大气压越低,输出功率越低	受环境温度和大气压的影响可忽略
2	噪声(距机罩 1 m)	≤85 dB	≤85 dB
3	污染物排放	有 CO_2 和微量 NO_x 的排放	无
4	运行可靠性	97%	99%
5	运行特点	高速直接驱动	通常增设变速齿轮加速
6	维修	燃气发生器运行 3 万小时左右需大修	现场维修,时间短

序号	项目	天然气发动机	变频电机
7	原料结构	燃料气自有; 不受供电条件制约; 运行成本受气价影响	由供电部门供电; 受供电部门制约; 运行成本受电价制约
8	对电网影响	无	需满足谐波标准要求
9	设备订货	不受外部资料制约,交货期较短	需从电力部门取得相关电网参数,交货期较长

具体驱动方式应结合以下条件综合比选确定。

① 电力供应情况。分析工程所在地的电力供应是否充足、可靠,了解电价、变配电设施配备等情况。

② 当地的自然环境、社会环境情况。了解工程所在地的自然环境及社会环境情况,如是否邻近对噪声敏感的站场、居民区等。社会环境因素对驱动机类型选择影响极大。

③ 天然气价格。自用燃料气的价格也是压缩机驱动方式选择的一个重要因素。

④ 设备费用。设备费用是影响压缩机驱动方式选择的重要因素,应对不同驱动方式下的注气压缩机设备费用进行比较,尽可能选择设备购置费低的机组。

⑤ 设备运行及备品备件费用。分析不同驱动类型的注气压缩机的年运行消耗情况,包括燃料消耗、润滑油消耗、备品备件费等,对年维护成本进行比较。

⑥ 辅助系统投资。对采用不同形式驱动机时的辅助系统投资进行比较,如电驱时的输电、变配电、变频系统投资,燃气驱动时的燃料气净化投资、降噪投资等。

根据以上几方面内容,在满足工艺参数要求的前提下,对燃气驱动和电机驱动的注气压缩机进行投资和运行费用的综合比较,采用费用现值的方法进行对比,选择最优的压缩机驱动方案。

(5)压缩机启动

下面以金坛盐穴储气库西注采气站某燃气驱动压缩机为例,简要介绍压缩机启动流程。压缩机由美国 HANOVER 公司撬装提供,发动机由 CATER-PIILAR 公司生产,型号为 G3606,压缩机由 ARIEL 公司生产,型号为 JGD-4,机组额定排量为 1.80×10^6 m³/d。

启动前先确认场站阀门等相关设备流程已切换为注气工况流程。

1）控制屏检查

① 单击"主菜单"界面中的"启动逻辑"键，进入"启动逻辑"界面。

② 在"启动逻辑"界面中，确认"阀准备好""CAT 屏在自动模式""本地启动""手动余隙控制""不带压启动"均为绿色（备注：一定要选择"手动余隙控制"，否则压缩机启机后会自动加载，转速由 700 r/min 直接升至 1000 r/min）。

③ 单击"启动逻辑"界面中的"主菜单"键，进入"主菜单"界面，单击"阀位状态及控制"键，进入"阀位状态和控制"界面，确认"手动控制可用""放空阀 SOV-351-（阀开）"键为绿色，"入口阀 SOV-101-（阀关）""吹扫阀 SOV-102-（阀关）""阀不在自动控制状态"键为红色）。

④ 单击"阀位状态及控制"界面中的"到第二页"键，进入该界面的第二页画面（确认"手动控制可用""旁通阀 SOV-363-（阀开）"键为绿色，"出口阀 SOV-371-（阀关）""润滑油罐补油开关""阀在自动控制状态"键为红色）。

⑤ 单击"阀位状态及控制"界面中的"主菜单"键，进入"主菜单"界面，单击"发动机速度 PID"键，进入"发动机速度 PID"界面（确认状态：手动状态），压力设定为 4600 kPa，手动输出为 700 r/min，检查各控制参数是否正常）。

⑥ 单击"发动机速度 PID"界面中的"主菜单"键，进入"主菜单"界面，单击"出口压力 PID"键，进入"出口压力 PID 控制"界面。

⑦ 单击"出口压力 PID 控制"界面中的"主菜单"键，进入"主菜单"界面，单击"不加载控制"键，进入"缸头卸载手动控制"界面。

现场两人相互配合，根据调度指令检查 5 个启动逻辑、10 个阀位状态及控制情况，手动检查及操作发动机速度 PID、旁通阀 PID、入口压力 PID、出口压力 PID、缸头卸载手动控制等，确保启动逻辑、阀位状态、各 PID 正常。

2）控制盘检查

① 确认压缩机控制盘的电源开关置于"ON"的位置，电源指示灯亮。

② 确认"启动控制"开关在"LOC"处。

③ 按下"测试复位指示灯"按钮，对压缩机控制系统进行启动前复位，确认控制盘未发现有报警等异常显示。

④ 确认"废油泵"开关在"AUTO"处。

⑤ 确认"压缩机预润滑油泵"开关在"AUTO"处。

⑥ 确认"压缩机润滑油加热器"开关在"AUTO"处（压缩机预润滑油泵、压缩机润滑油加热器应处于就地自动控制状态）。

现场两人根据调度指令检查控制盘电源、启动控制、废油泵、压缩机预润滑油泵、压缩机润滑油加热器等开关处于正确位置,并按下"测试"按钮,确认无报警。

3)发动机控制面板启机前检查

① 观察发动机控制面板,未发现有报警灯异常显示(备注:发现有报警显示时应重启面板,但此操作只能在没有启机之前执行,启机后不可以执行)。

② 将发动机启动方式选择开关置于就地"自动"(AUTO)位置,速度控制切换开关置于"远程手动"(Remote)位置。

③ 检查发动机控制面板,情况无异常,参数正确,各开关状态正确。

4)压缩机的压力、液位、阀位等启机前检查

压力检查:

① 检查确认工艺装置区、井场及压缩机房的工艺流程正确,无跑、冒、滴、漏现象,且天然气已供给到压缩机进口汇管,压力保持在 4.5~6.3 MPa 之间。

② 确认调压阀出口压力控制在 0.7~1.0 MPa 的燃气和启动气已进入机房内。

③ 打开压缩机燃料气手动阀门并检查确认燃料气压力在(310±14) kPa 之间,确认燃料气温度正常且没有泄漏。

④ 打开压缩机启动气手动阀门并检查启动气压力是否在 0.7~1.0 MPa 之间,确认没有泄漏。

液位检查:

① 检查各级分离器液位计液位指示、燃料气过滤器的液位指示,如果有液位显示应手动排污。

② 检查压缩机曲轴箱看窗油位、发动机曲轴箱油位,油位保持在可视窗的 1/2~2/3 之间。

③ 检查压缩机曲轴箱液位开关内的油位,应保持在 1/2~2/3 之间,并将液位开关到曲轴箱之间的阀门置于开位。

④ 检查压缩机高位油箱气缸油 SE460 液位,不足 1/3 时补充压缩机气缸油。保持压缩机到储油罐之间的控制阀门处于开位(备注:此处为重点检查部位)。

⑤ 检查压缩机注油器油箱液位,油位应保持在 1/3~2/3 之间,不足时补充。

⑥ 检查膨胀水箱冷却液的液位,不足 1/3 时补充。

⑦ 检查发动机预润滑油泵马达、启动马达润滑器的油位,不足 2/3 时应补充。

⑧ 检查润滑油储罐的液位应在 1/3~2/3 之间,不足时应使用加油机补充。

阀门检查:

① 确认进口紧急切断阀、进口平衡阀、出口切断阀均在关闭位置。

② 确认旁通控制阀、紧急放空阀、加载阀均在打开位置。

其他检查:

① 检查确认空气冷却器能够正常运转,将空气冷却器打到"远控"位置。

② 检查各系统(工艺气系统、润滑油系统、冷却系统、启动气系统、燃料气系统、点火系统等)管线,应连接紧固,密封良好,无泄漏发生。

③ 检查压缩机汽缸油分配器及工作管路,应无渗漏或松动。

④ 检查压缩机汽缸油分配器的工作情况,各路爆破片不得跳出,否则调整检修。

⑤ 检查润滑系统和冷却系统流程,保证机组各部位在启动时能够得到润滑和冷却。检查发动机润滑油热备流程控制阀门,应处于开启状态。将发动机润滑油热备系统和冷却水热备系统置于"远控"模式。

⑥ 当机房温度低于 20 ℃时,应启动机组 HOT START 系统(缸套水循环加热器、发动机润滑油循环加热器和压缩机润滑油加热器)。此项提前 2~3 小时检查完成,以确保能够正常启机。

⑦ 检查确认启动前加热柜"动力电源""控制加热""控制电源"的开关均处于"合"位置。

⑧ 检查确认机组仪表接线紧固,数据上传正常(备注:需检查通信模块是否正常,重点数据需到现场的控制面板检查)。

5)压缩机启机前的准备

① 用盘车工具手动盘车 2 至 3 圈,应无卡阻现象和异常声响,盘车结束将盘车工具取下,恢复原状。

② 根据注气量需要调整适当的压缩机气缸余隙,调整完成后要确认调节手轮已锁紧。

③ 手动操作压缩机汽缸注油器的柱塞,检查汽缸油流量是否正常。

④ 打开压缩机厂房鼓风机。

⑤ 确认压缩机进出口工艺流程已导通。

6)启动压缩机

确认以上条件均满足后开始启动压缩机。

① 当发动机油温达 20 ℃、夹套水温达 40 ℃时可以启动压缩机。

② 柱塞泵手动泵油准备就绪后按下"发动机预润滑"按钮直至按钮起跳。

③ 启动压缩机预润滑油泵,压力达 400 kPa 时,将开关拨到"自动"位置。

④ 按下"启动"按钮机组自动完成吹扫、置换、放空、启机等程序。

⑤ 当发动机油温达到 50 ℃、水温达 80 ℃时,将转速 PID 提升至 750 r/min,3~5 min 后再提升至 800 r/min,再过 3~5 min,将转速 PID 提升至 850 r/min。

⑥ 转速达到 850 r/min 时,按下触摸屏"手动加载"按钮。

⑦ 点击旁通 PID,每次关闭 20%直至旁通 PID 全关。

⑧ 平稳提升发动机转速至 980 r/min。

⑨ 机组加载完毕。

(6) 压缩机运行期间的巡检

压缩机运行过程中每两小时巡检一次,每台机组巡检 20~30 min,并做好巡检记录。

①检查轴流风机状态、机组运行状态、压缩机润滑油加热器状态、发动机润滑油加热器状态、冷却风扇状态、注油泵状态以及有无异响、跑冒滴漏等情况。

②检查进气压力、燃料气缓冲罐压力等 4 处压力工况是否在正常范围。检查各级分离器液位计液位指示、燃料气过滤器的液位指示、压缩机曲轴箱看窗油位、发动机曲轴箱油位等 17 处油位液位。检查进口阀、出口阀等阀位状态,以及现场其他工况。

③检查压缩机、发动机面板有无报警等异常情况。记录压缩机入口及出口压力、温度,压缩机轴温、盘根温度,发动机转速、负荷,润滑油气缸缸温等各处参数 66 个,手动检测缸头、内外吸气阀、排气阀等 30 处温度,并做好横向对比,观察各参数是否有异常变化。

6.3 采气工艺

由于盐穴底部会存有一定量的水分,在采气初期,这些水分会被天然气夹带出地面,随着采气量的不断增大,盐穴底部存留的水分会逐渐减少。这些水以游离水或饱和水的形式存在于天然气中,不仅会影响天然气的性质,而且当气体温度低于其露点温度时,还会有水化物生成,引起管道、阀门堵塞,影响平稳供气。因此,采气时需配套天然气脱水装置,以保证天然气长输管道系统安全供气。三甘醇是目前国内外普遍使用的天然气吸湿脱水的溶剂,三甘醇露点降通常为 33~47 ℃,有时甚至更高。而且三甘醇的蒸气压低,热力学性质稳定,脱水操作费用低,操作弹性大,国内已经投产运行的盐穴储气库天然气脱水装置多使用三甘醇。

使用三甘醇脱水装置的盐穴储气库采气工艺流程如下:由各井场来的湿气通过井口角阀节流至6.3~8.8 MPa进入旋流分离器,以除去机械杂质。当气体温度高于45 ℃时,先进入空冷器冷却,再进入过滤分离器,分离出液滴及杂质。分离后的湿气从底部进入三甘醇脱水塔,贫三甘醇(30 ℃、浓度99%)由脱水塔顶部注入,在塔内自下向上流动的湿气与塔内自上向下流动的贫三甘醇进行接触传质,天然气中的水蒸气大部分被贫三甘醇吸收,干燥后的天然气经捕雾器由塔顶排出,进入干气—贫三甘醇换热器,干气换热至20~40 ℃外输。

图 6.2.2　采气工艺流程图

与注气压缩机的复杂操作流程相比,三甘醇脱水装置操作流程相对简单,按照操作规程操作即可,这里不再赘述。

6.4　储气库运行动态监测

6.4.1　温度、压力、流量监测

(1)注采气运行后监测

盐穴储气库腔体投入注采气运行后,对腔体运行状况及井的完整性进行监测,监测指标包括温度、压力、流量等。监测要求及目的如下:

① 每天记录井口温度、压力和流量计流量,用于单井盘库计算。

② 套压监测,用于判断井筒完整性。

③ 停井期间井口压力监测,用于判断盐穴是否有漏气现象。

(2)注采过程中监测

注采过程中需要对腔体主要生产运行技术参数进行监测。

1)注采气速度监测

最大注采气速度应符合设计要求,同时监测盐穴的地质力学特征、套管与油管屈服强度与破裂额定值、振动谐波与腐蚀情况。

2）注采气压力监测

① 最大运行压力：最大运行压力不能超过储气库设计压力的上限。

② 注采压力变化速率：注采压力变化速率不能超过设计的压力变化速率范围。

③ 生产管与生产套管环空压力：必须定期测定生产管与生产套管之间环空的压力，判断天然气是否通过生产管或封隔器向外泄漏。

3）注采温度监测

根据设计要求，监测地下溶腔和井口温度变化。

4）地下安全阀检测

① 地下安全阀性能应每年测试 1 次，并根据制造商的建议定期维护。

② 应及时处理地下安全阀性能检测中出现的故障问题。

③ 在地下安全阀正常使用期间，保存其性能测试和维修记录。

5）注采井套管腐蚀监测

定期检查注采井套管阴极保护的有效性，关注生产管腐蚀的动态情况，对管壁减薄及开始腐蚀的管段及时进行处理，避免因腐蚀穿孔造成气体泄漏。

6）可燃气体泄漏监测

① 检查井口主阀。

② 检查油管挂的气密性。

③ 在注采井口、压缩机房和气体处理装置等天然气容易泄漏、聚集处安装监测报警仪器。

6.4.2　腔体变形监测

在盐穴腔体生产运行过程中，盐层会发生蠕变，腔体变形监测有利于实时了解腔体变形程度。通常采用声呐测量法定期检测溶腔形状以及腔体体积随盐层蠕变的变化情况，分析和确定溶腔的稳定性。一般情况下，腔体变形应每 5 年进行一次检测。如果相关主管部门对于储气库运行期间的声呐检测周期另有规定，应遵照执行。

6.4.3　地面沉降监测

地面沉降的主要原因包括地下流体（地下水、原油、天然气等）资源开发、固体矿体开采、岩溶塌陷、软土地区与工程固结有关的沉降等。此外，还包括新构造运动、冻土融化等。为了确保储气库长期运行过程中地面沉降符合国家工程建设安全要求，需对地面高度进行监测，以便及时发现盐穴是否由于盐层蠕变造成体积变化而出现沉陷，防患于未然。根据拟建储气库位置潜在的地面沉降评价，设计储气库上覆地层的沉降、移动及地应力变化的监测程序,按年度勘查,测量出标高的变化情况。运行期间监控时,可以对储气库地面上(主要位于作业井附近)的标高进行定期测量。在开始进行储气库造腔之前,必须测定出基准标高。此后,按要求定期进行测量。

(1)地面沉降监测基本要求

资料必须完整;设立观测站、埋设观测线;在工程设计的同时,进行地面沉降监测设计,保证监测资料的完整性。可以考虑在储气库库区的边缘和中央均匀布设测点。正常情况下,每年监测 2~3 次地面沉降变化情况。

(2)监测设施

① 用于土层形变监测的基岩标、分层标和水准点等测量标志。

② 用于地下水动态监测的长期观测井(孔)和孔隙水压力测头孔等设施。

③ 为保护以上标志和设施而建造的房屋、防护栏等建筑物、构筑物。

(3)地表移动观测站设计

监测网络施工设计(以水准网为例):水准网的布设采用从整体至局部,逐渐测量水准的高程控制方法。首先设计布设首级网,首级网应布设成闭合环线状,其内布设次级加密网。加密网可布设成附合路线、结点网、闭合环或特殊情况下的水准支线。首级网的等级可根据监测目的、监测区范围的大小、地面沉降的现状选择特等、I 等、II 等水准测量。首级网布设于沉降漏斗外围区,在沉降明显的漏斗区可选取剖面施测线,加密观测点;基岩标、普通沉降标和分层沉降标(组)按不同的地面沉降结构单元设置;网形结构可以是单个起算点的自由网,也可以是多个控制网的附合网。起算点应是基岩标。沉降标布设宜采用测区平均布点密度,监测区内沉降标间距一般为 $0.5 \sim 1.5$ km,监测区外间距一般为 $2 \sim 4$ km,重点勘察区沉降标密度至少为 $1 \sim 1.5$ 点/km^2,非重点勘察区至少为 $0.5 \sim 1.0$ 点/km^2。

GPS 网可以作为辅助监测措施。GPS 网基本上以水准网布设原则为准,且网点尽量与原沉降水准网点相重合。其点位应尽可能选择视野开阔、易达到的地点,避开阻挡接收卫星信号的高大建筑设施。

目前地表移动监测可采用的设施有全站仪、GPS 全球定位系统、水平变形实时监测系统、水平移动和倾斜实时监测系统等。由于地面沉降监测周期长,数据连续性要求高,因此要求所选择的仪器性能可靠,稳定性好,精度高,量程适宜。野外作业的仪器,尤其是自动监测仪器,要求不易损坏,具有防风、防雨、防腐蚀、防侵蚀、防潮湿、防震、防雷电干扰等适应环境的性能。

（4）新建监测点

① 明确新建监测点位目的，提出所要完成的任务。

② 确定选址原则：详细分析监测区地质条件，尤其是水文地质、工程地质、构造活动、地震活动等情况，提供充足的点位选择参考资料，确定选择点位的原则。

③ 进行点位施工初步方案设计、论证、优选。本着结构简练、工艺成熟、材质可靠的原则，进行钻孔结构设计、标杆结构设计、标杆材料设计、钻孔施工及标杆制作工艺设计、预期效益分析等，经可行性论证、优选确定方案后，进行施工技术设计、施工图设计。

④ 施工技术设计、施工图设计：具体设计施工工程的每一步方案，精确计算工程量，明确提出施工技术、设备、材料要求，准确编制施工设计图。针对施工中可能出现的问题，提供有力的技术支持，以及合理、有效的建议和措施。

（5）测量结果整理

对最大下沉值、最大水平移动值、最大倾斜值、最大曲率、最大水平变形等测量所得数据资料进行整理。

参考文献

[1] Chan K S , Bodner S R ,Munson D E , et al. A constitutive model for representing coupled creep, fracture, and healing in rock salt [C]. The Forth of Conference on the Mechanical Behavior of Salt, Montreal, Canada, Jun 17-18,1996.

[2] Chan K S , Bodner S R, Munson D E. Permeability of WIPP salt during damage evolution and healing[J]. International Journal of Damage Mechanics, 2001, 10(4):347-375.

[3] Zhang H B, Zhang Q Q , Wang L G. Displacement solution of salt cavern with shear dilatation behavior based on Hoek-Brown strength criterion [J]. Advances in Civil Engineering, 2019(5):1-16.

[4] Hunsche U. Determination of dilatancy boundary and damage up to failure for four types of rock salt at different stress geometries [J]. Series on Rock and Soil Mechanics,1998:163-174.

[5] Heusermann S, Rolfs O, Schmidt U. Nonlinear finite-element analysis of solution mined storage caverns in rock salt using the LUBBY2 constitutive model [J]. Computers & Structures, 2003, 81(8/9/10/11):629-638.

[6] 王贵君. 天然气盐岩洞室群长期存储能力[J]. 岩土工程学报,2004, 26(1):62-66.

[7] 吴文,侯正猛,杨春和. 盐岩中能源(石油和天然气)地下储存库稳定性评价标准研究[J]. 岩石力学与工程学报, 2005, 24(14): 2497-2505.

[8] 陈卫忠,伍国军,戴永浩,等. 废弃盐穴地下储气库稳定性研究[J]. 岩石力学与工程学报,2006,25(4):848-854.

[9] 陈卫忠,王者超,伍国军,等. 盐岩非线性蠕变损伤本构模型及其工程应用[J]. 岩石力学与工程学报,2007,26(3):467-472.

[10] 丁国生,杨春和,张保平,等. 盐岩地下储库洞室收缩形变分析[J]. 地下空间与工程学报, 2008, 4(1):80-84.

［11］杨强，潘元炜，邓检强，等. 地下盐岩储库群临界间距与破损分析［J］. 岩石力学与工程学报，2012，31(9)：1729-1736.

［12］张华宾，王芝银，赵艳杰，等. 盐岩全过程蠕变试验及模型参数辨识［J］. 石油学报，2012，33(5)：904-908.

［13］张强勇，段抗，向文，等. 极端风险因素影响的深部层状盐岩地下储气库群运营稳定三维流变模型试验研究［J］. 岩石力学与工程学报，2012，31(9)：1766-1775.

［14］垢艳侠，完颜琪琪，丁国生，等. 高效利用复杂连通老腔新方法与效果分析［J］. 科技创新导报，2019，16(29)：89-93.

［15］齐得山，李淑平，王元刚. 金坛盐穴储气库腔体偏溶特征分析［J］. 西南石油大学学报(自然科学版)，2019，41(2)：75-83.

［16］李文婧，姜源，单保东，等. 盐穴储气库注采运行时温效应对腔体稳定性的影响［J］. 石油学报，2020，41(6)：762-776.

［17］杨海军，王元刚，李建君，等. 层状盐层中水平腔建库及运行的可行性［J］. 油气储运，2017，36(8)：867-874.

［18］周冬林，李建君，王晓刚，等. 云应地区采盐老腔再利用的可行性［J］. 油气储运，2017，36(8)：930-936.

［19］马新华，郑得文，申瑞臣，等. 中国复杂地质条件气藏型储气库建库关键技术与实践［J］. 石油勘探与开发，2018，45(3)：489-499.

［20］王者超，李崴，刘杰，等. 地下储气库发展现状与安全事故原因综述［J］. 隧道与地下工程灾害防治，2019，1(2)：49-58.

［21］郑雅丽，完颜祺琪，邱小松，等. 盐穴地下储气库选址与评价新技术［J］. 天然气工业，2019，39(6)：123-130.

［22］刘继芹，乔欣，李建君，等. 复杂对流井连通老腔改建储气库技术［J］. 油气储运，2019，38(3)：349-355.

［23］薛雨，王元刚，张新悦. 盐穴地下储气库对流井老腔改造工艺技术［J］. 天然气工业，2019，39(6)：131-136.

［24］薛雨，王元刚，周冬林. 盐化对流井老腔改建水平腔储气难点分析［J］. 盐科学与化工，2020，49(1)：35-37.

［25］巴金红，康延鹏，姜海涛，等. 国内盐穴储气库老腔利用现状及展望［J］. 石油化工应用，2020，39(7)：1-5.

［26］陈锋，杨春和，白世伟. 盐岩储气库蠕变损伤分析［J］. 岩土力学，2006，27(6)：945-949.

［27］尹雪英，杨春和，陈剑文．金坛盐矿老腔储气库长期稳定性分析数值模拟［J］．岩土力学，2006，27(6)：869-874．

［28］马林建，刘新宇，许宏发，等．井喷失控条件下盐岩储库稳定性分析［J］．岩土力学，2011，32(9)：2791-2794．

［29］任松，李小勇，姜德义，等．盐岩储气库运营期稳定性评价研究［J］．岩土力学，2011，32(5)：1465-1472．

［30］张玉，王亚玲，张晓东，等．高埋深储层膏质泥岩蠕变力学特性试验研究［J］．岩土力学，2017，38(11)：3179-3186．

［31］王同涛，闫相祯，杨恒林，等．基于尖点位移突变模型的多夹层盐穴储气库群间矿柱稳定性分析［J］．中国科学：技术科学，2011，41(6)：853-862．

［32］李书兴．注采气循环荷载作用下含夹层岩盐储库洞室粘弹塑性变形及稳定性分析［D］．天津：河北工业大学，2012．

［33］巴金红，康延鹏，姜海涛，等．国内盐穴储气库老腔利用现状及展望［J］．石油化工应用，2020，39(7)：1-5．

［34］郭金敏．平顶山盐田压裂连通采卤的地质探讨［J］．中国井矿盐，2000，31(4)：23-25．

［35］张续贤，王伟，张宏伟．水平对接连通井采卤技术在平顶山盐田的应用［J］．中国井矿盐，2008，39(6)：20-23．

［36］Zhang H B, Wang P, Wanyan Q Q, et al. Sensitivity analysis of operation parameters of the salt cavern under long-term gas injection-production［J］. Scientific Reports, 2023, 13(1): 20012.

［37］杨海军，李龙，李建君．盐穴储气库造腔工程［M］．南京：南京大学出版社，2018．

［38］丁国生，张昱文．盐穴地下储气库［M］．北京：石油工业出版社，2010．

［39］孙书伟，林杭，任连伟．FLAC3D在岩土工程中的应用［M］．北京：中国水利水电出版社，2011．

［40］李银平，杨春和，施锡林．盐穴储气库造腔控制与安全评估［M］．北京：科学出版社，2012．

［41］闫相祯，王同涛．地下储气库围岩力学分析与安全评价［M］．东营：中国石油大学出版社，2012．

［42］王刚，安琳．COMSOL Multiphysics 工程实践与理论仿真：多物理场数值分析技术［M］．北京：电子工业出版社，2012．

[43] 陈育民，徐鼎平. FLAC/FLAC 3D 基础与工程实例[M]. 2 版. 北京：中国水利水电出版社，2013.

[44] 杨春和，周宏伟，李银平，等. 大型盐穴储气库群灾变机理与防护[M]. 北京：科学出版社，2014.

[45] 王涛，韩煊，赵先宇，等. FLAC 3D 数值模拟方法及工程应用：深入剖析 FLAC 3D 5.0[M]. 北京：中国建筑工业出版社，2015.

[46] 李佳宇，张子新. FLAC 3D 快速入门及简单实例[M]. 北京：中国建筑工业出版社，2016.

[47] 丁国生，郑雅丽，李龙. 层状盐岩储气库造腔设计与控制[M]. 北京：石油工业出版社，2017.

[48] 孟国涛. FLAC3D、3DEC 与有限元快速建模技术[M]. 北京：中国建筑工业出版社，2019.

[49] 杨海军，李龙，李建君. 盐穴储气库造腔工程[M]. 南京：南京大学出版社，2018.

[50] 刘波，李涛，韩彦辉. 土木工程 FLAC/FLAC 3D 实用教程[M]. 北京：机械工业出版社，2018.

[51] 杨春和，施锡林，马洪岭. 复杂地层盐穴储气库建腔技术与应用[M]. 北京：科学出版社，2018.

[52] 马新华，丁国生，等. 中国天然气地下储气库[M]. 北京：石油工业出版社，2018.

[53] 王涛，韩煊，苏凯，等. FLAC 3D 数值模拟方法及工程应用：深入剖析 FLAC 3D 5.0[M]. 2 版. 北京：中国建筑工业出版社，2019.

[54] 彭文斌. FLAC 3D 实用教程[M]. 2 版. 北京：机械工业出版社，2020.

[55] 袁光杰，班凡生，万继方. 盐穴储库造腔工程技术[M]. 北京：石油工业出版社，2020.

[56] 郑雅丽，丁国生，张云峰. 天然气地下储气库工程概论：富媒体[M]. 北京：石油工业出版社，2021.

[57] 高敏，贾善坡，龚俊，等. 含夹层盐岩地下储气库极限运行压力数值模拟研究[J]. 中国科技论文，2016，11(1)：29-34.

[58] 丁国生，完颜祺琪，罗天宝，等. 盐穴储气库建设项目投资管理及控制[M]. 北京：石油工业出版社，2019.